Tart

欧洲家庭最喜爱的西餐食谱

馅饼篇

U0308636

（英）哈姆林 编著

刘璇 译

南方日报出版社

NANFANG DAILY PRESS

中国·广州

图书在版编目（CIP）数据

欧洲家庭最喜爱的西餐食谱·馅饼篇/（英）哈姆林编著；刘璇译. —广州：南方日报出版社，2015.5

ISBN 978-7-5491-1227-2

Ⅰ.①欧… Ⅱ.①哈…②刘… Ⅲ.①西式菜肴—菜谱—欧洲②面食—制作—欧洲 Ⅳ.①TS972.188

中国版本图书馆CIP数据核字（2015）第034257号

First published in 2004
under the title *Tart*
by Hamlyn, an imprint of Octopus Publishing Group Ltd.
Endeavour House, 189 Shaftesbury Avenue, London WC2H 8JY
Copyright © Octopus Publishing Group Ltd. 2004

Simplified Chinese Edition © Guangdong Yuexintu Book Co., Ltd.
Chinese Translation © Guangzhou Anno Domini Media Co., Ltd.

欧洲家庭最喜爱的西餐食谱·馅饼篇

Ouzhou Jiating Zui Xiai De Xican Shipu Xianbing Pian

编　　著：（英）哈姆林（hamlyn）
译　　者：刘　璇
责任编辑：阮清钰
特约编辑：雷晓琪　贺紫荃
装帧设计：唐　薇
技术编辑：方锦丽

出版发行：南方日报出版社（地址：广州市广州大道中289号）
经　　销：全国新华书店
制　　作：◆广州公元传播有限公司
印　　刷：深圳市汇亿丰印刷科技有限公司
规　　格：889mm×1194mm　1/24　8印张
版　　次：2015年5月第1版第1次印刷
书　　号：ISBN 978-7-5491-1227-2
定　　价：32.00元

如发现印装质量问题，请致电020-38865309联系调换。

Contents 目录

Introduction
馅饼训练坊

Equipment
馅饼必备工具

　　绝大多数厨师认为制作美味馅饼的秘诀并非在于使用多么贵重的烘焙工具，而是在于冷静而娴熟的烹饪手法。不过，下文会提到一些制作美味馅饼必备的烘焙工具。

称量工具

　　保证面粉、油、糖（制作甜味馅饼食谱时）的比例正确，远比保证每项配料的精确分量更为重要。有时您可以直接在搅拌碗中称出各种配料的重量，不过也可以分别称出各种配料的重量，再分别加入搅拌碗中。

面板

　　面饼应在干净、低温、平整的台面上擀成，上面均匀地撒上一层薄薄的面粉。您也可以购买一些特制案板，或者您可能更愿意使用案台来擀面饼。

拌和碗

　　通常需要使用一个足够大的碗，才能完全装得下所需的配料。如果在制作面点的过程中，面粉已经堆满了案板，又不得不更换一个更大一点儿的搅拌碗时，不但分量会非常难以控制，而且会弄得一片狼藉。

量勺

通常使用茶匙或汤匙来给各种配料定量。本书中所有的量勺都是标准量勺（1茶匙=5毫升，1汤匙=15毫升）。烹饪中很有必要购买一套量勺，这样便于精确地添加所需的1/4或1/2茶匙液体配料和干配料的分量。

面粉筛

将称量好的面粉或加盐的面粉过筛后放入拌和碗中。这样可以剔除结块的面粉，并让面粉颗粒完全分离，拌油时会更加方便，油脂能充分渗透进面团中。

您还需要一个筛子来给甜味果挞成品撒上糖霜或可可粉。把筛子固定在馅饼的一端，然后在移动时轻晃筛子，并轻轻拍打筛子，这样就可以在果挞表面形成一层薄薄的均匀的覆盖物。如果您愿意的话，可以在开始之前，在饼的表面放一张装饰衬垫或镂花模板，这样就能用糖霜画出花纹了。

烤箱应预热至指定的温度。如果使用带有风扇功能的烤箱，应按照制造商提供的使用说明，调整时间和温度。烧烤架也应提前预热。

本书包括多种用坚果或有坚果成分制作的馅饼。已知对坚果和坚果成分过敏的人群或潜在过敏人群，如孕妇、哺乳期妇女、病人、老年人、婴幼儿、儿童等，请勿食用本书中用坚果制成或带有坚果成分的食物。此外，还需要谨慎查看提前准备好的配料的标签，其中可能含有坚果成分。

鸡蛋不宜生食。本书中包含多种使用生鸡蛋或烹饪时间较短的鸡蛋制作的馅饼和点心。对于孕妇、哺乳期妇女、病人、老年人、婴幼儿等易过敏人群，最好避免食用未加工或烹饪时间较短的鸡蛋制作而成的食品。

若无特别说明，书中菜谱一律使用新鲜香料。如果没有新鲜香料，可以使用干香料代替，但是应根据要求酌量使用。

肉类和禽类应确保熟透。如需要检测禽类是否烤熟，可用烧烤扦或叉子，在肉质最厚的部位穿刺——流出的汁液应色泽清亮，绝不能是粉色或红色。

食物处理机

食物处理机可以用来快速制作馅饼，特别是天气热，手的温度又很高，它会有效减少您处理面团的时间。此外，注意不要再在面团中混入过量的油。您可以通过酥皮上一些较短的纹理来判断面饼是否足够松软。如果用手和面的话，您可能会发现需要多用一点儿水，但是这基本上取决于您所使用的面粉和油的种类，所以应一点儿一点儿地加水而不是一次性把水全部加进去。

饼刷

您需要一把足够宽的饼刷，比如用于将融化的黄油均匀地刷在擀成的千层薄面饼皮上。您还需要一把更精细的刷子来做更细致的工作，比如给小果挞刷糖浆上色。

保鲜膜

制作面饼时，面粉中的麸质会变得很有弹性。面饼和好后静置一会儿是很重要的，否则在烹饪时面团有可能会缩小或变形。如果您需要将未擀的面团冷冻，请用保鲜膜将其紧紧包裹起来或装入塑料袋。如果面饼表面和空气接触了，面团就会形成一层外皮，这层外皮在擀制时会开裂。当您擀成面饼并将面饼放在锡制饼模中时，应先让面饼在饼模中静置一会儿，再将面饼多余的部分去掉。

烤盘

　　您可以在烤盘上刷上薄薄的一层油，或使用一层防油的烘烤纸。将果挞放入烤盘后，最好能将烤盘放入提前预热好的烤箱中。这样的话，面饼底部会烘焙得更快，也会更酥脆。

饼模和器皿

　　可脱模饼模可以很容易取出面饼，也可以使用有凹槽的并涂有油脂的饼模和边沿有直线凹槽的器皿。制作蛋挞的小型饼皮可以在小型蛋饼模和

松饼托内烘焙。金属容器导热效果更佳，其烘焙效果要比陶瓷器皿的烘焙效果好很多。

刀具

您可以用糕点切刀将小果挞轻易从器皿中切出，而且在任何一家餐具店您都可以找到各种类型、各种型号的塑料或金属材质的糕点切割工具。如果需要切割出更大的面饼圈，这里为您介绍一种快速而便捷的方式：您可以将各种型号的茶碟和碗翻转过来盖在馅饼上，并用锋利的刀尖绕着茶碟和碗的边沿切一圈即可。

填充烤豆

很多馅饼都需要预烤——这就是说，这些馅饼在加馅前就整个或部分地进行了烘焙，因此，馅料中的液体不会渗入到饼底中，也不会浸湿饼体使其发黏。在最初的烹饪过程中，为了避免饼体膨胀，可以在馅饼内放置一圈防油纸，并使用烤豆固定饼底位置。干豆子或小扁豆也可代替，但是它们使用寿命不如陶瓷烤豆那么长。

Making pastry 面饼必备食材

制作面饼并非一门深奥的艺术，大致可以遵循下面这些简单的规律，其中最重要的是保持低温——手、制作工具、配料，还有你冷静的头脑。

面粉

在大多数食谱中，普通白面粉是制作面饼的最佳选择，因为它可以做出又薄又脆的面饼。而低筋面粉（即自发面粉）则能做出口感更加柔软、海绵质的面饼，因此可以用来制作法式甜面团，因为这种饼皮如果不含发酵成分的话，质地就会太重。全麦面粉，或由一半全麦和一半普通白面粉混合而成的面粉，可以用来制作酥皮面饼，但是这类面粉制作的面饼更重、易碎，不易擀。泡芙、多层蛋糕或泡芙面皮通常都由高筋面粉制作而成，因为这种面粉的面筋韧性强，做出的面团比较硬，更富有弹性。

油

您所选用的油的种类，不但会影响面饼的质地，也会影响面饼的口味。

成功制作面饼的秘诀

◆ 根据面饼种类，在面粉中放入称量好的比例恰当的油。制作酥皮面饼，使用等量油脂的话，则需要双倍重量的面粉。制作含油量大且松脆的面饼则需要在面粉中加入更多的油。

◆ 除非您是制作含有奶油或水果馅的圆馅饼，否则请保持所有用具——包括手部的干燥和低温。

◆ 在面粉上涂油时，只需要指尖轻搓即可，这样可以保证面粉保持低温。您可在搓入面粉时抬高手指，这样可以使搓好的面包屑颗粒从手指缝中漏到碗中。您还可以用食物处理机振动粉末，这样面饼就不会过分混合而黏在一起。

◆ 擀面饼时，切勿时间过长或过分用力，否则面饼会更重且不易烘焙。

◆ 不要一次性加入全部液体。面粉的吸水性各有不同，而且如果加的液体太多也会使面饼更重。

应使用冷油，即在使用前刚刚从冰箱中取出的温度较低的油，这样会使烹饪过程更容易。

选择黄油时，最好选择无盐黄油，能给馅饼带来最佳色泽和味道；但是在烤箱中单独使用黄油会很油腻。人造黄油上色效果较好，但是在味道上略逊于黄油，其烹饪效果主要取决于人造黄油的质量。因此，应将人造黄油软化后用叉子和其他种类的油混合使用。猪油或质量好的植物油可以制作出无水、酥脆的质地，但仅使用其中一种的话会让蛋糕味道不足，颜色不好。

最好的酥皮面饼是用等量的黄油或人造黄油，混合猪油或浅色的植物油制作而成的。

水

　　和面时尽可能少用水。若水加得太多，可能会让面团发黏、不易揉，且烘焙出的糕点会很硬。自始至终都要使用冷水。如果天气暖和，那么使用冰水更理想。制作常见的酥皮面饼，可能需要25克面粉配大约1茶匙水。水量变化取决于面粉的吸水性，这是一项很有用的指导原则。如果要加入鸡蛋或蛋黄，也需要相应地减少水量。

糖

　　一些含油量高的面饼，如法式甜面团可以使用少量的糖，这样会使面饼更脆，色泽金黄。

鸡蛋

　　鸡蛋，通常只用蛋黄，可以用来制作重油面饼。鸡蛋能为面饼上色。在将鸡蛋加入到其他配料中前，可以用叉子轻轻将蛋黄打散。

冷却和醒面

除了泡芙面团和法式甜面团之外，其他面团在放入烤箱烘焙之前最好将面团静置约30分钟。这能预防烘焙过程中面饼收缩，而且对于千层酥皮和速成千层酥皮这类在准备过程中很费精力的点心来说尤其重要。用保鲜膜将饼体包裹好以防水分丧失，然后再放入冰箱。

烘焙

制作面饼时，最重要的步骤就是提前让烤箱预热，特别是油脂含量较高的面饼，应使用高火高温烘焙，这样饼皮才会色泽鲜明、口感酥脆。

面团的用量

如果食谱中对于酥皮面饼的数量有要求，则此处的重量指的是面粉的重量。比如说，如果食谱配料中需要200克酥皮面饼或重油面饼，则需要用200克面粉制作面团，而且放入恰当比例的油脂和其他配料。下表列出的是对于不同果挞型号的饼模所需要的面量：

饼模直径	面饼重量
18厘米（7英寸）	125克
20厘米（8英寸）	175克
23厘米（9英寸）	200克
25厘米（10英寸）	250克

Using pastry
擀好面饼做饼底

在揉制面饼过程中不要过分用力，也不要总是往外擀，擀面饼的时候，手劲要轻，尽可能少加面粉，如果撒的面粉太多会使面饼更硬。

擀面饼

在低温的工作台面和擀面杖上撒上面粉。轻轻向一个方向均匀地擀面饼，通常是向外推着擀，偶尔转动四分之一的面饼，接着擀。擀时尽量保持面饼的形状和厚度均匀一致。不要扯拽面饼，否则面饼会在烘焙过程中收缩。酥皮面饼通常需要擀成3毫米的厚度，千层酥皮可以擀得稍微厚一点儿，大概5毫米。

压花边放入饼模

将面饼圈模具或果挞模子放在烧烤盘内，擀出比模具或饼模直径大出约5厘米的面饼。将面饼松松地绕在擀面杖上，将擀面杖拎至饼模上方，

然后小心地将其展开放入饼模中。

放入饼模的动作务必轻缓小心，用食指将其压入凹槽，注意不要扯拽馅饼，也不要在下方留下空隙。将多余的面饼拽到饼盘边缘外面，然后将擀面杖轻轻沿着饼模边缘擀一遍，这样就可以去掉多出的面饼，面饼就可以变得整齐干净。

预烤饼底（盲烤）

在添加馅料之前，需要对饼模中的饼底进行提前烘焙。这个步骤能够确保烤出口感酥脆的点心。经过这个步骤，面饼重量会减轻，这样就可以防止面饼起泡或面饼边缘塌陷。

将擀好的面饼沿着饼模的花边摆放好之后，可以用叉子在面饼底部叉上一些孔，这样可以释放出底部残留的空气，面饼就不会起泡。

在饼底上放一张方形没有黏性的烘烤纸，特别注意不要破坏面饼的边沿，将豌豆或陶瓷烤豆填至半满。根据食谱指导进行烘焙，通常需要10—15分钟，然后将纸和烤豆去掉。如有必要，可将面饼再次放入烤箱烘烤5分钟，这样饼身会更加酥脆。也可以使用皱锡箔纸来代替烤豆的作用。

使用千层酥皮饼

　　千层酥皮饼是出了名的难做，但是如果按照下面这几条简单的指导原则来做的话，您会发现一点儿也不难。为了保证擀成的极薄层的生面能够使用，您必须将这些面饼一直盖着。在面饼上放一层保鲜膜或湿布将其完全包住，因为如果丧失水分，面饼会变得易碎易破。

　　制作速度要快；在两张完整的千层酥皮饼中使用一些破损或撕碎的面饼，是不会有人会注意到的。不要弄湿千层酥皮饼，否则会让面饼黏在一起易碎易裂；出于同样的原因，您还需要保证案台也是干燥的。用油来密封边沿并刷在面饼上，如融化的黄油，这样可以产生酥脆的口感。

馅饼的保存

冷冻

　　不论是烘焙好的还是未经烘焙的面饼，最好都经过冷冻以快速定型。将饼底或果派放在铝箔容器或防冷碟子中冷藏。没有放入馅料的空饼底可以不用解冻，直接烘烤，烘烤时间需比平常增加5分钟即可。添加了馅料的水果派最好先解冻再烘焙，以确保可以烤透。最多可以储存3个月。

制好的面粉黄油混合物

　　制好的面粉黄油混合物可以在冰箱中储存7天，或者放入冷冻箱中冷冻3个月。面粉混合物在加水前需要解冻。

Pastry decorations
装饰面饼

适度的装饰也是经典果馅饼和水果派外观的一部分。花瓣形状、格子形状、绚丽的花边既简单易行，又可以让点心看来更诱人。

花瓣和叶子

当我们制作馅料平滑的馅饼，比如南瓜派时，围绕馅饼边沿制作花边或叶片，可以起到很好的装饰效果（见第136页）。用冬青叶花瓣装饰，可以让圣诞节馅饼增添诱人效果。各种馅饼上面都可以堆放香肠肉片——但是切勿将其堆压成球状，否则在烘焙过程中会膨胀不均。将面饼擀成大约3毫米厚的薄饼。

将擀好的面饼切成约2.5厘米宽的细长窄面条。将面条沿着对角线切开，切成菱形面片。在切好的面片上用餐刀轻轻压出花纹，注意不要切透面饼，这样就可以制作出叶片上的纹理。

将面片部分重叠排列在馅饼顶端，在面片下面刷点水、奶或打好的蛋液，这样能保证面片紧紧黏附不掉下来。

花格子

　　制作面饼的花格，可以让美味甜点和果派更富有视觉吸引力。制作过程中应注意构成花格的条纹是分隔开的，需要留出较宽的缝隙露出馅料。如果排列太近的话，会在馅饼上形成过于紧密的花格。

　　将面饼切成长而窄的面条。从馅饼的一端开始，让面条部分重叠，一条压一条交替着将面条编织起来，形成较宽的格子。在面条上蘸一点儿水，可以将面条轻轻压粘在果挞的边沿恰当的位置。用餐刀将多余部分切掉。

花边

辫子形花边

　　切出三条长而窄的馅饼皮儿。把三根面条的一端压在一起，将压在一起的一端按压在馅饼的边沿上。绕着馅饼的边沿将三根面条像编辫子一样编在一起，如果有必要可以把中间加长，最后绕馅饼边沿一周。把面条尾端折在下面。

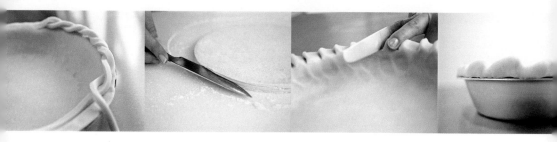

拧花边

切下两条长而薄的馅饼皮儿，将两条饼皮的一端捏合在一起。之后将其粘在馅饼边缘，随后轻轻地将面条拧在一起，根据您的喜好将其点缀在馅饼边缘。

切片

这项工作中重要的是要干净利落地封好馅饼皮，防止饼馅漏出。用一根手指紧紧抵住馅饼皮边的上部，用刀刃水平切削馅饼皮的边缘，如此做出一系列浅刀切花，绕着整个饼皮边缘这样做一遍。

贝壳边装饰

馅饼酥皮上这种装饰性的步骤，可以让您烘焙的馅饼或果挞显得非常专业，而且还有助于牢牢地封住馅饼的边缘。用刀刃垂直切馅饼皮边缘，用指尖压着控制刀尖的距离。纵向切刀，微微向上拉起来制成干贝形状。绕着面饼边缘继续以此类推，每隔1.5厘米为一个间隔。

卷边

此步骤快速而简单，轮番切片或将馅饼制成干贝状。用一只手的手指推馅饼皮边缘上部。同时，用手指以及另一只手的拇指捏住馅饼外边，将其捏成一点。继续在馅饼边上卷边。

Shortcrust pastry
酥皮面饼

作为日常美味甜点的一道经典选择，酥皮面饼不仅便于制作，而且放在任何模子中都能完美定型。

🕐 **时间**　准备：约10分钟，冷冻时间另计

🍴 **分量**　200克

🍳 **食材**　中筋面粉200克
　　　　食盐少许
　　　　100克油，比如等量黄油或浅色植物油的混合
　　　　冰水2—3汤匙

1	2
3	4

1　将面粉过筛，加盐放入搅拌碗中。将黄油切成小片儿，放入
　　面粉中。

2　用指尖将黄油轻轻地、均匀搓进面粉中，直到面粉开始形成
　　类似面包屑的颗粒。

3　在面粉表面洒水，并用铲刀搅拌，直到混合物开始凝块。

4　待面饼放在撒有面粉的面板或工作台上，用手指轻轻按压。
　　使用前冷冻30分钟。

Rich shortcrust pastry
重油酥皮面饼

　　在面粉中加入一个蛋黄，可以制作出更为精致、酥脆的
面饼。这不仅是非常理想的甜点做法，而且如果需要制作出
比较硬的外壳，也可以使用蛋黄来增加香味。

时 间　　**准备：** 约10分钟，冷冻时间另计

分 量　　200克

食 材　　中筋面粉200克
　　　　　盐少许
　　　　　100克油，比如等量黄油或浅色植物油的混合
　　　　　蛋黄1个
　　　　　冰水2—3汤匙

1 将面粉过筛，加盐放入搅拌碗中。将黄油切成小片儿，放入面粉中。

2 用指尖将黄油轻轻地、均匀搓入面粉中，一直搓到开始形成类似面包屑的颗粒。

3 加入一个蛋黄，用铲刀将混合物搅拌成团。如果有必要，可加入足量冷水来制作较硬的面团。

4 将面粉混合物放在撒有面粉的工作台上，用手指轻轻揉捏面团。使用前冷冻30分钟。

Pâte sucrée
法式甜面团

　　这是一种味道香甜、含油量高的面饼。这种点心质地像饼干，适合制作甜果挞和果馅饼。本食谱介绍的配料可以制作装满直径20厘米馅饼烤盘的法式甜面团。

⊙ 时 间	准备：约10分钟，冷冻时间另计
✕ 分 量	175克

食 材　中筋面粉175克
　　　　盐少许
　　　　无盐黄油75克，稍微软化
　　　　蛋黄2个
　　　　冷水1汤匙
　　　　精白砂糖40克

1	2
3	4

1 将面粉过筛，加盐堆成一堆，放在低温的工作面板上，在面粉中间挖一个"井"形口。加入黄油、蛋黄、水、糖。

2 用一只手的指尖将其等揉成一团。面糊应看起来像打碎的鸡蛋。

3 用手指将刚才揉好的黄油鸡蛋团和松散的面粉缓缓揉在一起。

4 轻轻揉压几下，揉成面团，用保鲜膜包好。使用前放入冰箱冷藏30分钟。

P uff pastry
千层酥皮面饼

　　在烘焙后制作完美的千层酥皮面饼，其高度大概会膨胀为原来的6倍。虽然千层酥皮面饼是出了名的难做，但是最重要的一条原则就是保证所有配料都保持较低的温度。

🕐 **时 间**　准备：约30分钟，冷冻时间另计

🍴 **分 量**　250克

🍲 **食 材**　中筋面粉250克
　　　　　　盐少许
　　　　　　整片冷冻的完整黄油250克
　　　　　　柠檬汁1茶匙
　　　　　　冰水150毫升

1 将面粉过筛，加盐放入碗中。用指尖将四分之一黄油搓入面碗，让面粉外形看上去像面包屑。放入柠檬汁和大部分水，揉成生面团。其后逐渐添加剩余冰水，揉制成一个干面团。

2 在撒上面粉的面板上将生面团揉制成球，再擀平成一张面饼。用保鲜膜包裹面饼，放入冰箱冷冻30分钟。

3 将其余黄油放在两张保鲜膜之间，擀成1厘米厚方形的黄油饼。展开冷冻好的面饼，将其擀成一张足够大的方形面饼，使面饼大小能够包裹住擀好的方形黄油。将黄油放入方形面饼的中间，将面饼四角折叠起来将黄油覆盖包裹住。

4 在面板和擀面杖上撒上面粉，将面饼擀成1厘米厚的长方形面饼。从底端三分之一处向上开始折叠，然后从顶端三分之一处向下折叠。再次用保鲜膜包裹，放入冰箱冷藏15分钟。

5 将面饼从冰箱中取出放在面板上，让面饼的短边朝向自己。轻轻擀压短边，然后将其擀成一个长方形面饼，并再次按照步骤4的方法进行折叠。这样重复擀压、折叠6次之后，再次冷藏面饼。将其擀成最终形状，然后再次冷藏30分钟。剔开边沿以便每一层面饼都能适度膨胀。

Cheat's rough puff pastry
速成千层酥皮面饼

　　这款味道鲜美的面饼含油量高、酥脆、轻薄如雪花一般，是制作酥皮水果派面饼或甜馅饼的理想选择。它不会像传统千层酥皮一样膨胀得那么松软，但优点是简单易做。

⊙ **时 间**　　**准备：** 约10分钟，冷冻时间另计

✗ **分 量**　　250克

🍅 **食 材**　　中筋面粉250克
　　　　　　　盐少许
　　　　　　　黄油175克，彻底冷藏，几乎达到冷冻的程度
　　　　　　　冰水约150毫升，混合2茶匙柠檬汁

1	2
3	4

1 将面粉过筛，加盐放入碗中，用干爽的手指尖抓着黄油或黄油的包装纸，将黄油擦成粗丝放入面粉中。趁黄油在你手中受热变软之前，尽快将黄油擦成丝。

2 将擦好的黄油丝用铲刀搅拌入面粉中，然后在上面倒上足够的冰水，将面粉与黄油揉制成生面团。用指尖轻轻揉压面团。

3 将面团放在撒了薄薄一层面粉的工作台面上，并将其擀成一张长度约为宽度三倍的椭圆形面饼。

4 将面饼底端三分之一向上折起，将面粉顶端三分之一向下折叠，然后用擀面杖绕着边沿压一圈，将多层面饼轻轻密封在一起。使用前冷藏约30分钟。

Choux pastry 泡芙面团

　　这款食谱颠覆了所有馅饼的制作方法，它是需要高温加热、并多次擀面皮才能做出美味的佳肴。您可以将这类面饼的制作方法用于制作甜味果子面包、空心甜饼、带馅煎饼和狭长形松饼或手指形巧克力泡芙。

时间　　准备：约10分钟

分量　　75克

食材　　中筋面粉75克
盐少许
无盐黄油50克
水或等量水和牛奶150毫升
较大的鸡蛋2个，稍微打成蛋液

1	**2**
3	**4**

1 将面粉过筛、加盐，放在一张防油纸上。

2 将黄油加水放入炖锅，逐渐加热直至黄油融化，然后煮至沸点。黄油融化前，不要把水煮开。

3 从火头上将锅移开，立即一次性加入全部面粉。用木勺、电动或手动搅拌器振动面团，使混合物形成光滑的面球，且锅内壁干净没有残留。这一阶段请勿过分用力搅拌振动，否则面团会变得很油腻。

4 将搅拌好的混合物放入冰箱冷藏2分钟。依次加入鸡蛋，每加入一项配料都要用力搅拌，直至混合物表面光滑、富有光泽为止。面团应软化至可以从搅拌勺上慢慢滑下的状态。立即使用面饼，或在使用前密封好冷藏保存。

辛咸开胃的馅饼可以选用的馅料范围很广，比如经典的洛林糕中，由简单的奶油、鸡蛋、培根组成的馅料，或辛辣、极富东方风味的爽脆鸭肉馅儿做成的馅饼。无论你想要一道快捷的下午茶茶点，还是一道为餐桌增添异域风

Savoury

辛咸肉类

馅饼

情的美味佳肴，本章总有一款适合的馅饼。

尝试使用不同的馅料混搭，会给您以前所青睐的点心带来口味上的变化。如果担心含有奶油的馅料热量过高，您可以使用鲜奶油或低脂软奶酪代替。如马斯卡彭奶酪，可以在超市的冷藏柜台中找到，这种奶酪会让馅料产生一种乳脂状的滑爽质地；您还可以使用奶油奶酪，它也能带来同样的口感。

Aubergine, tomato & haloumi tart
茄子番茄好罗美干酪馅饼

好罗美干酪是一种稍微有些刺激味道、奶油质地的希腊奶酪。这种奶酪通常配茄子食用效果较好。如果没有好罗美干酪，您可以使用马苏里拉奶酪代替。

时间　准备：20分钟
　　　　烹饪：35分钟

烤箱　200℃，火力6挡

分量　4人份

食材　千层酥皮250克，如果使用冷冻面饼，需要提前解冻，用打散的蛋液或牛奶来上色

日晒番茄酱1汤匙

茄子375克，切片

橄榄油2汤匙

熟透的番茄5个，切片

好罗美干酪125克，切薄片

牛至2茶匙，切碎

绿橄榄50克，去核，切半

盐、胡椒粉适量

1　制作千层酥皮面饼（见第21页）。将其擀成直径25厘米见方的面饼。将面饼放入准备好的烤盘中。使用一把锋利的餐刀从距离边沿2.5厘米处在面饼上划出2个"L"形切口，留下两个对角不要切开（见第84页图）。

2　抬起切好的一个角，并将其向相反的面饼切边处拽一下。另一边同样用这种方法扭一下。在面饼边沿刷上蛋液或牛奶，并用叉子戳一戳面饼底部。将番茄酱平摊在面饼底上。

3　在茄子切片上刷点油，在提前预热的中型烤架下进行烘焙，直到颜色变得轻微焦黄。翻个面，再刷一层油，将另一面烤至焦黄。

4　将茄子片、番茄和奶酪摆放在面饼皮上。撒上牛至、橄榄，加作料调味。在提前预热的烤箱中烘焙25分钟，直到面饼变成金黄色。趁热食用。

Roast vegetable & feta tart
菲达奶酪烤蔬菜馅饼

众所周知，菲达羊奶酪是最好的希腊奶酪，它是由母羊奶制作而成，其风味特殊，配上地中海蔬菜一起食用，味道最佳。冷食或热食皆宜。

时间　准备：25分钟，冷冻时间另计　　烹饪：45分钟

烤箱　200℃，火力6挡

分量　6人份

食材　**面饼：**
低筋面粉125克
燕麦片50克
冷冻黄油75克，切片
冷水3汤匙

馅料：
茄子1个，切片
红辣椒1个，去籽，切成厚条
洋葱1个，切成楔形
西葫芦2个，切成厚条
番茄3个，对半切开
大蒜瓣2个，切成碎末
橄榄油3汤匙
小迷迭香枝4枝
菲达羊奶酪125克，切碎
帕玛森奶酪2汤匙，搓碎
盐、胡椒粉

1	**2**
3	**4**

1 制作面饼。将面粉和燕麦片拌匀，搓入黄油。加入水混合，制成硬面团。简单揉一揉面，然后放入冰箱冷藏30分钟。

2 制作馅料。将所有蔬菜混合放入一个烧烤锡盘。加入蒜、油、迷迭香腌制入味。将腌制好的调料均匀地涂在蔬菜上，放入烤箱烘烤35分钟。

3 其间，将面团擀成面饼并放入直径23厘米的馅饼烤盘中。加入烤豆预烤15分钟。去掉防油纸、烤豆或锡箔纸，重新放入烤箱烘焙5分钟。

4 在烘焙好的面饼上放上蔬菜，在顶端摆上羊奶酪，然后撒上帕玛森奶酪。重新放入烤箱烘焙10分钟。

Goats' cheese & cherry tomato puff
山羊奶酪圣女果千层酥

您可以将这道热的美味馅饼当作餐前开胃美食食用，或与苦叶沙拉搭配做顿口味清淡的午餐。如果有可能，可以用红色和黄色番茄搭配使用。

🕐 **时间**　准备：15分钟　　烹饪：20—25分钟

🍳 **烤箱**　220℃，火力7挡

🍴 **分量**　4—6人份

🍅 **食材**　千层酥皮250克，如果使用冷冻面饼，需要提前解冻
橄榄油2—3汤匙
圣女果250克，切片
山羊奶酪250克，固体，切片
百里香2茶匙，切碎
盐、胡椒粉

1 制作千层酥皮面饼（见第21页）。将面饼擀开，面饼的外边修成直径23厘米的圆饼。将圆饼放在提前准备好的烤盘上，在上面刷上一层薄薄的橄榄油。

2 将一半切好的圣女果平铺在面饼上，距离面饼边沿2.5厘米。

3 将羊奶干酪放在圣女果馅上，在羊奶干酪上面撒上剩余的圣女果。加一点儿盐和胡椒调味。在面饼顶端撒上百里香，并均匀洒上1—2汤匙橄榄油。

4 放入提前预热的烤箱烘焙20—25分钟，直至面饼变得膨胀松脆、色泽金黄。

Courgette & red pepper tart
西葫芦红椒馅饼

这款色泽丰富的馅饼可以配上蔬菜碎叶沙拉当午餐食用，冷热皆宜。使用新鲜的红椒会提升这款馅饼的菜色和味道。

时间　**准备：**35分钟，冷冻时间另计　　**烹饪：**40分钟

烤箱　200℃，火力6挡；然后转至180℃，火力4挡

分量　6人份

食材　**面饼：**

中筋面粉175克　　　　　　红辣椒粉1茶匙
冷冻黄油75克，切片

馅料：

橄榄油2汤匙　　　　　　　红椒2个，去籽切碎
西葫芦375克，纵切成条　　鸡蛋2个，打成蛋液
牛奶300毫升　　　　　　　熟制切达干酪50克，切碎
盐、胡椒粉

1　将面粉过筛，加入红辣椒粉放入搅拌碗中。加入黄油，然后用手指在面粉中搓入黄油，混合物看上去像面包屑一样即可。加入足量冷水混合制成面团。在面团表面薄薄地撒上面粉，简单揉制一下。冷冻30分钟。

2　将面团擀成面饼，沿着饼盘的花边放入直径23厘米的饼盘。把面饼花边切成树叶状（见第14页），然后将树叶状花边和面饼边沿用水沾在一起。将修饰好的面饼冷藏30分钟，然后不加馅料用烤豆预烤，在提前预热好的烤箱中烘焙15分钟。剥除防油纸和烤豆或锡箔纸，将馅饼放在一边。然后把烤箱温度调低至180℃、火力4挡。

3   制作馅料。在煎锅中将油加热，稍微将红椒煎一下，煎至变软。用盐和胡椒粉腌制入味，并放入食物处理机或搅拌机中打成浓汤。当然也可以在筛子上压一下红椒。将西葫芦切成细条，并放入炖锅中用加盐的开水煮2分钟，然后沥干，在冷水中氽烫一下。再次沥干，并用厨房用纸吸干水分。

4   将鸡蛋、牛奶、奶酪打入碗中，用盐和胡椒粉腌制。将胡椒汁洒在饼底上。将西葫芦条均匀地放在面饼上，倒上奶酪沙司。放入烤箱烘焙25分钟，待馅料固定、色泽金黄为佳。

Tarte au fromage
奶酪蛋挞

这款香热的梳芙厘芝士蛋糕是一种经典法式晚餐的变化做法。这种点心的馅料可以提前加盖冷藏直至食用。上桌时，可以佐以爽脆的蔬菜沙拉。

⏱ **时间**   准备：30分钟，冷冻时间另计   烹饪：50分钟

🍳 **烤箱**   190℃，火力5挡；其后转至200℃，火力6挡

🍴 **分量**   4人份

🍅 **食材**   酥皮面饼250克
黄油50克
中筋面粉50克
牛奶300毫升，加热
兰开夏奶酪250克
鸡蛋6个，蛋黄、蛋清分开使用
细香葱切碎2汤匙，另备些许装饰用
欧芹切碎1汤匙，另备些许装饰用
塔巴斯哥辣酱油1/2茶匙，调味
盐、胡椒粉

1. 制作酥皮面饼（见第17页）。将面饼擀好，压花边放入一个较深的、直径20厘米、底部可脱模的饼盘中。冷冻饼皮30分钟，在提前预热的烤箱中，不加馅料预烤15分钟。剥去防油纸、烤豆或锡箔纸，随后将馅饼放入烤箱中再烤5分钟。在饼模中放置冷却。

2. 制作馅料。将黄油在煎锅中融化混入面粉，用小火加热2—3分钟，同时不断搅拌。逐渐倒入牛奶并不停搅拌。将其从火头上撤下，待轻微变凉。

3. 搅拌切碎的奶酪和蛋黄，依次逐个加入蛋黄。将温度返回到轻微加热状态，并不断搅拌直到奶酪融化。用盐和胡椒腌制并拌入香葱、欧芹、塔巴斯哥辣酱油。

4. 在碗中用打蛋器将蛋白打至干性发泡，之后将打好的蛋白轻轻地包入奶酪混合物中。将混合物倒入烘焙好的面饼底。在提前预热的烤箱中烘焙30分钟，然后将温度设定成200℃、火力6挡，直至面饼膨胀、色泽金黄为止。小心地将馅饼从蛋糕模中脱模，在馅饼顶端撒上切碎的欧芹和细香葱，并立即食用。

Beetroot & Camembert tart
甜菜根卡门贝尔奶酪馅饼

烹饪之前，甜菜根在去根的时候不要离顶端的球太近，还需要将甜菜剥皮，这样煮制过程中就不会丧失其浓烈的色泽。

⏱ **时 间** 　准备：15分钟　　烹饪：35—40分钟

🍳 **烤 箱** 　200℃，火力6挡

🍴 **分 量** 　6—8人份

🍅 **食 材** 　黄油25克
　　　　　　蜂蜜2汤匙
　　　　　　红色洋葱3棵，切成薄片
　　　　　　红酒300毫升
　　　　　　煮熟的甜菜根500克，每棵甜菜根切成6段
　　　　　　切碎的百里香3汤匙，另备数枝装饰用
　　　　　　千层酥皮375克，如果冷冻请先解冻
　　　　　　卡门贝尔奶酪150克，切成楔形
　　　　　　盐、胡椒粉

1	2
3	4

1 将黄油融化，加入蜂蜜，一同放入一口较大的炒锅。加入洋葱，用中火加热直至变软。加入红酒，用盐和胡椒粉腌制入味，炖一会儿直到收汁成原来的一半。

2 加入甜菜根继续炖煮，直到液体变浓稠光滑。将平底锅从火头上移开，放入一半加工好的百里香搅拌，待其稍稍放凉。

3 制作千层酥皮面饼（见第21页）。将面饼擀开，放入提前准备好的烘烤盘。用一把锋利的刀子沿着边沿划出一整圈儿的印痕，距离边沿约2.5厘米。注意不要切透整张面饼。

4 用勺子将馅料舀到面饼上，注意不要越过刚才用刀划出的边线。将奶酪片撒在馅料上面，将剩余的百里香放在最上面。烘焙20—25分钟，直至饼体膨胀、奶酪起泡。用新鲜的百里香嫩枝装饰一下即可。

Crunchy fish pie
松脆鱼派

您可以选择任何喜欢的鱼类来制作这款最受欢迎的馅饼，但是注意不要烘焙得过了火候，否则鱼肉会老得丧失鲜美的味道。

时间 准备：30分钟，冷冻时间另计
烹饪：50分钟

烤箱 200℃，火力6挡

分量 作主菜4人份，作餐前点心6人份

食材 酥皮面饼175克
鳕鱼片200克，去皮
未上色的熏制黑线鳕鱼片200克
牛奶250毫升
月桂叶1片
大葱5根，切碎
鲜虾200克，去壳
高脂厚奶油75毫升
中筋面粉25克
黄油25克
欧芹碎末3汤匙
盐、胡椒粉

顶部的面包屑：
黄油25克
粗面包屑100克
切碎的欧芹3汤匙

1 制作酥皮面饼（见第17页）。将面饼擀好并压边沿放入直径20厘米的馅饼烤盘。将面饼放入冰箱中冷藏30分钟。然后将面饼不加馅料放入提前预热的烤箱中，加烤豆预烤15分钟。把防油纸、烤豆和锡箔纸去掉，然后放入烤箱再烘焙5分钟。

2 将鱼肉、牛奶、月桂叶放入炖锅煮软。炖煮3分钟后，从热火头上移开，盖上盖子，冷却放凉。滤出汁液放入罐中，将月桂叶丢掉，将汁液存放起来。将鱼肉切成大的薄片儿，然后配上大葱和鲜虾放入馅饼烤盘中。

3 将预留的牛奶和奶油放入深底炖锅，放入面粉和黄油。在低温下加热并不停搅拌，直到黄油融化。继续搅拌，直到酱汁变得浓稠，将其煮至沸点。炖煮2—3分钟后，将其从火上移开，拌入切碎的欧芹。用盐和胡椒腌制入味并倒入鱼肉。

4 制作派的顶层。将黄油在煎盘中融化，然后将面包屑在煎盘中炸2—3分钟，直到面包屑颜色轻微焦黄。加入欧芹，并用勺子将面包屑舀到派的顶端，直到顶端颜色金黄、酱料开始在面饼边沿冒泡。稍稍放凉后食用。

Sardine tart with a lemon chermoula
沙丁鱼配北非柠檬蒜辣酱馅饼

　　准备面饼之前，请先准备好北非蒜辣酱——这样辣酱就有时间发酵出味道。这款馅饼可以加热后，配上新鲜的绿色蔬菜食用。

🕐 **时间**　准备：25分钟　　烹饪：40分钟

🍳 **烤箱**　　200℃，火力6挡

🍴 **分量**　　4人份

🍅 **食材**

千层酥皮375克，如果冷冻请将其先解冻

鸡蛋半个，打发

面包屑25克

沙丁鱼5条，去掉鱼头、鱼尾和脊骨

牛番茄1个，切半之后切成厚片儿

> 牛番茄：一种肉质肥厚的大番茄品种。

北非柠檬蒜辣酱：

红皮洋葱1/2个，切成细丝

大蒜瓣2个，压成碎末

小柠檬果脯3个，取出果肉并完全切碎

柠檬1个，去皮切碎，1汤匙柠檬汁

香菜4汤匙，切碎

欧芹4汤匙，切碎

红辣椒1茶匙

孜然1茶匙

辣椒1/2茶匙

橄榄油4汤匙

盐、胡椒粉

1　制作北非柠檬蒜辣酱。将所有配料混合在一个大碗中，用盐和胡椒粉充分腌制入味，然后静置一段时间备用。

2　制作千层酥皮面饼（见第21页）。将面饼擀成23厘米×18厘米大小的长方形，将擀好的面饼放在准备好的烤盘上。用一把锋利的刀子沿着边沿划出一整圈的印痕，距离边沿约2.5厘米，注意不要切透整张面饼。在面饼上刷上打好的蛋液，放入提前预热好的烤箱中，烘焙15分钟直至面饼膨胀。压下中间部分，同时保证边沿不动。趁面饼还热，将打发好的蛋液刷在馅饼内底部位置。

3　在馅饼底部撒上面包屑，然后用汤匙将一半的北非蒜辣酱混合物舀在面包屑上。将沙丁鱼摆放成排，并将切好的番茄片交替着按照馅饼底部大小摆放好。

4　将其余的北非蒜辣酱堆放在馅饼顶上，然后放入烤箱烘焙25分钟，直至沙丁鱼烤熟、果馅饼边沿呈现焦黄色。

Quiche Lorraine
洛林糕

尽管这道有名的糕点通常用奶酪和洋葱制作，但是在传统食谱中，其饼皮却以熏肉、蛋和奶油做成。冷食热食皆可。

🕐 **时间**　　准备：20分钟，冷冻时间另计　　　烹饪：55—60分钟

🎚 **烤箱**　　200℃，火力6挡；其后180℃，火力4挡

🍴 **分量**　　4—6人份

食材　重油酥皮面饼175克
去皮的熏外脊培根175克
稀奶油250毫升
鸡蛋2个，打发
豆蔻粉少量
盐、胡椒粉

1　制作重油酥皮面饼（见第18页）。压花边，放于一个直径20厘米的馅饼烤盘中。面饼冷藏30分钟之后，在预热的烤箱中加入烤豆，预烤15分钟。除去防油纸、烤豆或锡箔纸，再次把面饼放入烤箱烤10分钟。

2　制作饼馅。烘烤培根至酥脆，将其放置于餐纸上干燥，之后切碎培根。

3　将奶油和鸡蛋倒入碗中，加入豆蔻粉、盐和胡椒粉。饼底上撒上培根，并把奶油和鸡蛋铺于饼底顶部。

4　将馅饼烤盘放置于烘烤架上，放入预热过的烤箱中，然后将温度设定为180℃、火力4挡，烘焙30—35分钟，直至顶层辅料烤好、饼身呈金黄色为止。

Mushroom tart with smoked bacon & thyme
烟熏培根百里香蘑菇馅饼

摆放蘑菇的时候，可能需要将蘑菇部分重叠在一起，这样能使蘑菇显得很整齐。配番茄沙拉热食为佳。

Tart 欧洲家庭最喜爱
馅饼篇 的西餐食谱

🕐 **时 间**	**准备**：25分钟，冷冻时间另计	**烹饪**：50分钟
🍳 **烤 箱**	200℃，火力6挡	
🍴 **分 量**	4人份	

🍅 **食 材**　酥皮面饼300克

百里香2汤匙，切碎

烟熏五花培根250克，切碎

鸡蛋3个，打发

盐、胡椒粉

野生蘑菇5个

橄榄油2汤匙

洋葱1个，大致切碎

高脂厚奶油200毫升

百里香数枝，用作装饰

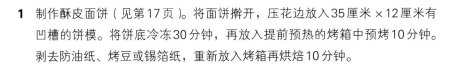

1　制作酥皮面饼（见第17页）。将面饼擀开，压花边放入35厘米×12厘米有凹槽的饼模。将饼底冷冻30分钟，再放入提前预热的烤箱中预烤10分钟。剥去防油纸、烤豆或锡箔纸，重新放入烤箱再烘焙10分钟。

2　将蘑菇放入烤盘，撒上一半切好的百里香碎，淋上1汤匙橄榄油。放入烤箱烘焙12分钟，然后拿出自然放凉。

3　将其余油在煎盘中加热。加入培根和洋葱，用中高火煎约5分钟直到熟透，颜色呈现浅金色。用勺子将煎好的培根和洋葱舀出，放在饼身上。

4　将鸡蛋、奶油和剩余的百里香打发，用盐和胡椒粉腌制入味，然后将奶油糊倒入饼皮。将蘑菇在饼皮中间摆好，部分重叠在一起，将夹馅的饼体放入烤箱中烘焙25—30分钟，直至馅料顶部上色、凝固在中间。用百里香枝装饰一下即可。

Lentil, bacon, spinach & Taleggio tart
扁豆培根菠菜意式奶酪馅饼

塔雷吉欧奶酪是一种意大利奶酪，由奶牛的乳汁制成。这种奶酪外观呈现浅粉色，质地松软，奶香浓郁。

⏱ 时 间	准备：20分钟，冷冻时间另计	烹饪：1小时

📥 **烤 箱**　200℃，火力6挡

🍴 **分 量**　6人份

🍅 **食 材**　酥皮面饼300克
　　　　　红扁豆100克
　　　　　橄榄油1汤匙
　　　　　五花肉250克，切碎
　　　　　嫩菠菜心225克
　　　　　鸡蛋3个
　　　　　鼠尾草叶2汤匙，装饰用另备
　　　　　鲜奶油200毫升
　　　　　塔雷吉欧奶酪100克，切成小方块
　　　　　圣女果6个，分别切成两半
　　　　　盐、黑胡椒粉
　　　　　鼠尾草叶，用于装饰

1	2
3	4

1. 制作酥皮面饼（见第17页）。将面饼擀开，放入直径23厘米的烤盘，然后放入提前预热好的烤箱，加烤豆预烤15分钟。剥去防油纸、烤豆或锡箔纸，然后重新放入烤箱再烤5分钟。

2. 其间，将扁豆放入加盐的沸水中煮10分钟。沥干水分，让其稍稍变凉。在煎盘中将油加热，并放入培根煎6—7分钟直至颜色金黄、肉质酥脆。

3. 将菠菜心在蒸锅中蒸1—2分钟，在筛子中沥干水分，用勺子背将菠菜汁挤出。将煮好的菠菜切碎。

4. 饼身中放满菠菜心、五花肉、扁豆。将鸡蛋、鼠尾草叶和鲜奶油加黑胡椒粉打发。倒入饼底，并在顶端摆上奶酪和圣女果。在提前预热的烤箱中烘焙40分钟，直到馅料凝固坚硬、饼身色泽金黄。用鼠尾草叶稍做修饰即可。

Mediterranean salami & olive tart
地中海风味腊肠橄榄馅饼

这一食谱中使用了高级意大利蒜香腊肠，它可以带来一种地道的地中海风味，配新鲜青翠菜叶沙拉热食最佳。

🕑 **时间** **准备：**15分钟，发面时间另计

烹饪：约30分钟

🍩 **烤箱** 220℃，火力7挡

✕ **分量** 4—6人份

🍅 **食材** **面饼：**

精白面粉250克

易溶干酵母粉1茶匙

盐1茶匙

温水150毫升

橄榄油1汤匙

馅料：

切碎的罐装番茄250克

番茄汁1汤匙

干牛至2茶匙

意大利蒜香腊肠125克，切成薄片

黑色橄榄75克，去核

盐、胡椒粉

1 将面粉、易溶干酵母粉、盐混合放入碗中。加入水和油，快速混合揉制成一个软面团。将面饼放在撒上面粉的工作台面上，揉捏5分钟。将面团放入浸过油的塑料袋。将袋子顶端松松地系上，让面团发酵30分钟。

2 制作馅料。将切碎的番茄、番茄汁倒入一口小型炖锅。加入1茶匙牛至，然后放入盐和胡椒粉调味。将番茄和番茄汁混合物煮沸，煮制过程中不停搅拌，之后调小火炖5分钟，直到汤汁浓稠。静置放凉。

3 将面饼擀好，并放入33厘米×23厘米刷过油的瑞士滚边馅饼盘。在面饼上摊上番茄混合物，并在其顶端摆上意大利蒜香腊肠。撒上准备好的橄榄和剩余的牛至。

4 将馅饼放入提前预热好的烤箱烘烤20—25分钟，直到饼体边沿松脆、颜色金黄。

Potato & salami tart with red pesto
马铃薯意式腊肠红青酱馅饼

您可以在超市买到各种颜色和风味现成的意大利青酱，但是如果您愿意的话，制作这种点心时可以尝试使用您最喜欢的食谱配方。

◎ **时间**　准备：10分钟，冷冻时间另计
　　　　烹饪：50—60分钟

▥ **烤箱**　200℃，火力6挡

✖ **分量**　4人份

◎ **食材**　马铃薯475克
　　　　千层酥皮300克，如果冷冻请先解冻
　　　　现成意大利红青酱65克
　　　　鲜奶油1.5汤匙
　　　　意大利蒜香腊肠75克，切片
　　　　融化好的奶油40克

1   将马铃薯在加盐的沸水中煮20—25分钟。沥干水分，自然放凉，然后将马铃薯切成1厘米厚的圆片。

2   制作千层酥皮面饼（见第21页）。将面饼擀开，擀成5毫米厚，放在准备好的烤盘内，冷藏30分钟。将面饼切成24厘米厚的圆片，用一把锋利的餐刀在距离各边沿2.5厘米处绕着划出一个印痕，注意不要划透面饼。

3   将鲜奶油和意大利红青酱混合后平铺在面饼上，注意不要越过刚才划出的边沿。将马铃薯和意大利蒜香腊肠切片交替放入饼皮。

4   在馅饼皮上刷上融化的黄油，之后在预热好的烤箱中烘焙30—35分钟，直到面饼膨胀、颜色金黄。

Mexican chilli bean tart
墨西哥红辣椒豌豆馅饼

　　您在给红辣椒去籽和切辣椒的过程中，请千万小心不要碰到您的嘴唇或眼睛，此外还要在加工完之后彻底洗手。

⊙ **时 间**	**准备：**20分钟，冷冻时间另计	**烹饪：**60分钟
◫ **烤箱**	200℃，火力6挡	
✕ **分量**	6人份	
⊙ **食材**	酥皮面饼300克	
	牛肉500克，切碎	
	洋葱1个，细细切碎	
	红辣椒1个，去籽切碎	

蒜瓣1个，压碎

袋装墨西哥煎玉米卷糊30克，调味混合使用

罐装番茄400克，切碎

蔬菜高汤4汤匙

罐装混合豌豆400克，洗净，沥干

烤干酪辣味玉米片50克，轻微弄碎

切达干酪100克，搓碎

香菜叶2汤匙，切碎

盐、胡椒粉适量

佐餐：

酸奶油

番茄洋葱辣酱（萨尔萨辣酱）

1　制作酥皮面饼（见第17页）。将面饼擀开放入直径23厘米、有凹槽的馅饼托盘中。将饼皮冷藏30分钟。之后将饼皮放在提前预热的烤箱中，加入烤豆预烤15分钟。剥去防油纸、烤豆或锡箔纸，重新放入烤箱再烘焙5分钟。

2　将提前准备好的碎牛肉放入不粘锅，煎炒5分钟，不断搅拌，防止牛肉粘块，直至其均匀变色。加入洋葱、红辣椒、大蒜和墨西哥煎玉米卷糊，并继续炒制2—3分钟。加入番茄和蔬菜高汤，再加入盐和胡椒粉调味。将所有面糊煮沸，然后炖煮10分钟。搅拌入混合豌豆，并再烹制2分钟直至汤汁浓稠。

3　在饼皮上倒上酱汁。与烤干酪辣味玉米片混合，加入奶酪和香菜，将其放在酱汁上。

4　在提前预热的烤箱中烘焙20分钟，直至奶酪融化、烤干酪辣味玉米片上色。配酸奶油和番茄洋葱辣酱佐餐，食用前可以静置15分钟，使其定型。

Italian sausage & onion tart
意大利香肠洋葱馅饼

使用面饼皮前，请将千层薄面饼皮用保鲜膜覆盖或包上一层湿纸，以防丧失水分。

◯ 时 间	准备：20分钟	烹饪：1小时
◰ 烤 箱	180℃，火力4挡	
✕ 分 量	6人份	

◍ **食 材**　　橄榄油3汤匙

意大利香肠6根

红色洋葱头2个，切成块状

千层酥皮6张

马斯卡彭奶酪100克

洛克福羊乳干酪50克

大个鸡蛋3个

牛奶2汤匙

颗粒芥末粉1汤匙

香葱，用来装饰

1	2
3	4

1 在煎锅中加热1汤匙油，用中火将香肠和洋葱煎约15分钟，直到颜色加深，香肠熟透。煎好后将其放在一边。

2 在千层薄面饼上刷上剩余的油。将面饼放入35厘米×12厘米的可脱模烤盘内，一张一张部分重叠，让部分面饼伸出烤盘。将延伸到烤盘外面的面饼拧成一团，沿着烤盘制成镶边。在提前预热的烤箱中烘焙10分钟，或直到饼身变干。让烤箱继续运转，保证温度。

3 将马斯卡彭奶酪、洛克福羊乳干酪、鸡蛋、牛奶、芥末粉搅打至形成光滑的质地。将打发好的混合物倒入饼皮。

4 将香肠和切好的洋葱均匀摆入饼皮。将其烘烤30—35分钟，直到颜色金黄、形状固定。配新鲜香葱热食最佳。

Sweet potato, chorizo & red pepper tart
红薯香肠辣椒馅饼

此处用的香肠是一种西班牙特产的猪肉香肠，传统上配红辣椒调味，可以和红薯构成绝妙的搭配。

🕐 **时间**	**准备：**30分钟	**烹饪：**50—60分钟
📖 **烤箱**	200℃，火力6挡	
🍴 **分量**	4人份	

🍅 **食材**　　红薯750克，切成2.5厘米见方的小块

大红辣椒1个，去籽切成2.5厘米见方的小块

大蒜瓣3个，不剥皮

橄榄油2汤匙

西班牙香肠150克，切成1厘米见方的小块

意大利乳清干酪125克

切达奶酪100克，搓碎

鲜奶油2汤匙

蛋黄2个

酥皮面饼375克

鸡蛋1个，打成蛋液，用于上色

小迷迭香3枝

盐、胡椒粉

1. 将红薯、红辣椒、大蒜放入烤盘中。洒上橄榄油，用盐和胡椒粉腌渍入味，之后在提前预热的烤箱中烘烤15分钟。加入西班牙香肠再烤5—10分钟，直到蔬菜颜色轻微变黄，将其从烤箱中取出，自然冷却。

2. 将蒜剥皮，并与意大利乳清干酪、切达奶酪、鲜奶油及蛋黄一同放入碗中，打发成顺滑的干酪糊。

3. 制作酥皮面饼（见第17页）。将面饼放入直径30厘米的圆盘并放入预热好的烧烤架。在面饼上刷上打好的蛋液。用勺子将意大利乳清干酪混合物舀到饼身中部，在周边留下7厘米的边沿。将烤好的蔬菜和西班牙香肠放在乳清干酪糊的顶上。

4. 将面饼边沿折进来，以便部分压住馅料。在边沿上刷上更多打发好的蛋液。撒上迷迭香枝，用盐和胡椒粉腌制入味。在提前预热好的烤箱中烘焙30—35分钟，直到饼体金黄。

Dolcelatte & leek galette
意式蓝纹奶酪韭香馅饼

意大利蓝纹奶酪口感滑爽、味道清淡，搭配重油面饼很理想。烹饪中，请注意不要把韭葱煮得太老，否则可能会太硬且味道不佳。

⌄ **时 间**　准备：15分钟
　　　　　烹饪：20 — 22分钟

🍳 **烤 箱**　220℃，火力7挡

🍴 **分 量**　4人份

🍅 **食 材**　韭葱8根
　　　　　千层酥皮300克，如果冷冻请先解冻
　　　　　鲜奶油50毫升
　　　　　辣椒1茶匙
　　　　　颗粒芥末粉1汤匙
　　　　　意大利蓝纹奶酪50克，切碎
　　　　　鸡蛋1个，打发
　　　　　盐、胡椒粉
　　　　　欧芹切碎，用来装饰（可选）

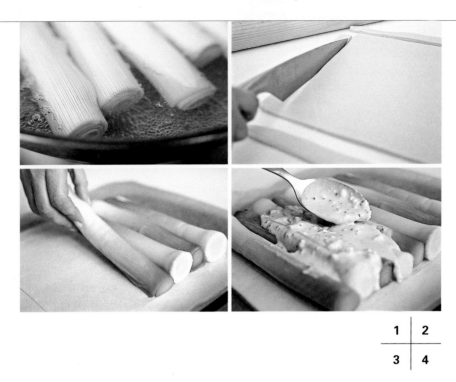

```
1 | 2
3 | 4
```

1 将韭葱切成20厘米的长段，放入煎锅。倒入足量沸水没过葱段，再重新煮沸。调低火，盖上煎锅锅盖，炖煮5—7分钟。将葱段沥干水分，放在一边。

2 制作千层酥皮面饼（见第21页）。将面饼擀成边沿25厘米的方形面饼，将其放入提前预热的烤盘。用尖刀在距离边沿3.5厘米处划下划痕，注意不要将面饼划透。

3 用餐巾纸将韭葱段表面的水分拍干，这样可以减少多余的水分，然后将韭葱段摆放在刚才划好的边线印痕内。

4 将鲜奶油、辣椒、芥末与奶酪混合，缓缓撒在韭葱上。用盐和胡椒粉充分腌制并放入预热好的烤箱中烘焙15分钟，直至面饼膨胀、其边沿变成焦黄色。将烘焙好的素饼切成扇形，如果需要可以分别撒上切好的欧芹。可以立即食用。

Asparagus, Parmesan & egg tart
芦笋干酪鸡蛋馅饼

这种馅饼可以充分利用少量芦笋。使用鲜嫩的细芦笋尖儿，可切掉其厚而硬的木质笋根。

⊙ **时间**　准备：35分钟，冷冻时间另计
　　　　　烹饪：40—45分钟

▯ **烤箱**　200℃，火力6挡；然后转至180℃，火力
　　　　　4挡

✕ **分量**　4人份

🍅 **食材**　酥皮面饼175克
　　　　　细芦笋尖175克
　　　　　鸡蛋5个
　　　　　稀奶油150毫升
　　　　　帕玛森奶酪25克，切碎
　　　　　盐、胡椒粉

1 制作酥皮面饼（见第17页）。将面饼擀好，压花边放入
直径20厘米的挞盘。将饼底冷藏30分钟，然后在提前
预热的烤箱中加入烤豆预烤15分钟。除去防油纸、烤
豆或锡箔纸，放入烤箱再烘焙10分钟。

2 烘烤面饼时，将芦笋去根。让笋尖朝上立在一口较深
的炖锅中，加入加盐的沸水；需没过芦笋，但注意不要
彻底没过笋尖。盖上炖锅盖子，煮7—10分钟，直至
芦笋变软。用漏勺舀出沥干水分，并过一下冷水保鲜。
再次沥干水分。

3 将1个鸡蛋与奶油在碗中打发，放入盐和胡椒粉腌制入
味。将芦笋放入面饼底的底部。将每个剩下的鸡蛋打
成蛋液，并仔细倒入饼底。

4 将奶油混合物倒在鸡蛋上，撒上帕玛森奶酪并在提前
预热的烤箱中烘烤面饼，温度设定为180℃、火力4挡，
烘焙15—20分钟直至蛋液凝固。趁热食用最佳。

Gorgonzola & hazelnut quiche
戈贡佐拉干酪榛子乳蛋饼

这种重油奶油蛋饼通常塞满大葱。需要烘焙到液体刚刚固定，然后在顶端摆放一层烤熟的口感酥脆的整颗榛子。

时 间　　准备：30分钟，冷冻时间另计　　　烹饪：约1小时15分钟

烤 箱　　190℃，火力5挡

分 量　　6—8人份

食 材　　黄油50克　　　　　　　　　　植物油1汤匙

韭葱2大根，切成薄片　　　　　奶油150毫升，打发

牛奶150毫升　　　　　　　　切碎的平叶欧芹2汤匙

鸡蛋2个，打发　　　　　　　戈贡佐拉干酪125克，切碎

整颗榛子75克，轻微烤熟即可　盐、胡椒粉

面饼：

中筋面粉250克　　　　　　　一小撮盐

一小撮辣椒　　　　　　　　　冷冻黄油75克，切丁

切达奶酪25克，完全搓碎　　　冷水6—8汤匙

1　制作面饼。将面粉、盐和辣椒粉混合放入碗中，用食指将黄油搓入直至混合物看起来像面包屑。将搓碎的切达奶酪混入其中。加入足量冷水制成松软、柔韧的面团，将其包上保鲜膜冷冻30分钟。

2　将面饼擀开并放入一个较深的直径20厘米的饼模。将饼底冷藏30分钟，并在提前预热的烤箱中用烤豆预烤12分钟。除去防油纸、烤豆或锡箔纸，重新放回烤箱再烘焙5分钟。

3　制作馅料。在煎锅中加热黄油和植物油，将切成片的韭葱煎至变软、颜色

变成酱色。将煎锅从火头上移开，并自然放凉。将奶油、牛奶、欧芹、鸡蛋放在一起打发。将鸡蛋混合物拌入韭葱，用盐和胡椒粉充分腌制。将戈贡佐拉干酪搅拌入混合物，然后倒入饼底。将馅料表面弄光滑，然后在顶端撒上烤好的榛子。

4 在提前预热的烤箱中烘焙乳蛋饼40—50分钟，直到鸡蛋糊在中间固定。将其从烤箱中取出，自然放凉，可以配什锦沙拉食用。

nion tarte Tatin
洋葱焦糖挞

红葱头和洋葱同属，但是外形不像洋葱那样形成一个单独的整体，而是像一串串小小的鳞茎球状物，其味道不像洋葱那么浓烈，也不像大蒜那样辛辣刺激。

🕐 **时 间**　准备：30分钟，冷冻时间另计　　烹饪：30—35分钟

🎛 **烤 箱**　200℃，火力6挡

🍴 **分 量**　4—6人份

🍅 **食 材**　**面饼：**

全麦低筋面粉175克　　　　冷冻黄油75克，切片
欧芹2汤匙，切碎　　　　　百里香2茶匙，切碎
柠檬汁2—3汤匙

馅料：

红葱头500克，剥皮　　　　黄油25克
橄榄油2汤匙　　　　　　　黑砂糖2茶匙
盐、胡椒粉

1	**2**
3	**4**

1 将面粉过筛放入碗中，搓入黄油直到混合物外形看上去像面包屑一般。将香草、柠檬汁与刚搓好的混合物搅拌成一个硬面团。简单揉一下，然后冷藏30分钟。

2 制作馅料。将红葱头煮10分钟，取出沥干水分。在耐热煎锅中将黄油和橄榄油加热，并把红葱头煎约10分钟，其间不停搅拌，直至开始上色。撒上糖，用盐和胡椒粉腌制入味，再轻微煎5分钟，直至其完全变色。

3 把面团擀成一个圆饼，稍微比煎锅底大一点儿。用擀面杖撑着将面饼放入煎锅中，并将其盖在煎好的红葱头上面，用手沿着煎锅的边沿压实面饼的边。

4 将焦糖挞放入提前预热的烤箱烘焙20—25分钟，直至面饼酥脆。将馅饼冷却5分钟，然后将一个比煎锅大的盘子盖在上面，翻一下，把焦糖挞盛在盘子里。冷食热食皆宜。

Roast root vegetable tarte Tatin
烤菜根焦糖挞

这款开胃的经典馅饼是由烤蔬菜根产生的焦糖和松脆而朴素的饼身搭配而得到灵感的。

🕐 **时 间**　**准备：**15分钟，冷冻时间另计

　　　　　烹饪：50—55分钟

🍳 **烤 箱**　220℃，火力7挡

🍴 **分 量**　6人份

🍅 **食 材**　橄榄油3汤匙

　　　　　胡萝卜175克，切成2.5厘米的大块

　　　　　芜菁175克，切成2.5厘米的大块

　　　　　欧洲大萝卜175克，切成2.5厘米的大块

　　　　　红葱头175克，如果个头较大请切半儿

　　　　　香菜籽1茶匙，磨成粉末

　　　　　茴香籽1茶匙，磨成粉末

　　　　　蒜瓣4个，剥皮

　　　　　韭葱175克，切成2.5厘米的大段

　　　　　千层酥皮375克，如果冷冻请先解冻

焦糖：

黄油20克

黑砂糖40克

红酒醋1汤匙

水25毫升

1 在锡制烤盘中加热橄榄油，放入胡萝卜、芜菁、红葱头、香料。在大火上掂一掂直至轻微变色，然后放入提前预热的烤箱中烘焙20分钟。加入大蒜烤10分钟。加入韭葱再烤10分钟，直至蔬菜变软、颜色变成深棕色。

2 其间，制作千层酥皮面饼（见第21页）。将面饼擀开并切成6个直径11厘米的圆。包住面饼冷藏使用。

3 制作焦糖。将所有配料拌在一起，放入煎锅中煮沸。煮制过程中要晃动煎锅、不断搅拌，直至黑砂糖全部溶解。将焦糖煮到起泡，直至变成深的金黄色焦糖（可能一开始会变粉红色并起泡）。一直晃动煎锅，并使用一把勺子在锅中央搅拌来散热。尽快将熬制好的焦糖倒入6个直径7厘米的重型空饼盘中央，尽可能在饼盘中摊开焦糖。可能焦糖会马上固定，但是会在烤箱中融化。

4 将蔬菜摆放在焦糖上面。将面饼盖在蔬菜上方，用手压实边沿，以便面饼在盘子里就能固定在蔬菜上方。将馅饼放在烤架上，烘焙10—15分钟，直至馅饼酥脆、颜色金黄。冷却几分钟，然后翻转倒入热盘中，请小心翻转，防止热汁溅出。这款馅饼热食为佳，面饼应在蔬菜下方。

Onion, raisin & pine nut tart
洋葱葡萄松子馅饼

　　这款简单的馅饼是一款有轻微松子清香味道、微辣的美食，其味道完美结合了意大利马苏里拉干酪的风味，可以说是一款美味的宴客点心。

⌄	**时 间**	准备：25分钟　　烹饪：35—40分钟
▯	**烤 箱**	200℃，火力6挡
✕	**分 量**	4人份
☺	**食 材**	黄油75克

　　　　　芥菜籽2茶匙

　　　　　中筋面粉150克

　　　　　马铃薯泥125克

　　　　　橄榄油2汤匙

　　　　　洋葱2个，切成薄片

　　　　　马苏里拉干酪125克，切片

　　　　　松子25克

　　　　　葡萄干25克

　　　　　盐、胡椒粉

1 将25克黄油在煎盘中加热，将芥菜籽放入，煎至芥菜籽"嗞嗞"弹起来。将剩余的黄油切成立方体，并在搅拌碗中搓入面粉。将马铃薯泥、芥菜籽和融化的黄油一起搅拌入面粉中。用盐和胡椒粉腌制入味并混合制成一个松软的面团。

2 将面团擀成一个直径25厘米的方形面饼，将其放在预热的烤盘中。将饼的边沿捏起来做成饼沿。

3 在煎锅中加热橄榄油，加入洋葱煎5分钟直至洋葱变软、颜色变成浅棕色。将马苏里拉干酪切片均匀摆放在饼底上，然后将松子和葡萄干撒在顶上。将洋葱盖在饼面上，撒上盐和胡椒粉。

4 在提前预热的烤箱中烘烤25—30分钟，直至饼身呈现金黄色。热食为佳。

Butternut squash & Jarlsberg tart with oregano oil
亚尔斯堡奶酪南瓜馅饼

亚尔斯堡奶酪是一种绵软的挪威奶酪，带有轻微的坚果味儿。如果手边没有这种奶酪，也可以用瑞士干酪代替。

时间	准备：20分钟，冷冻时间另计　　烹饪：1小时
烤箱	180℃，火力4挡
分量	6人份
食材	酥皮面饼300克

- 酥皮面饼300克
- 纯天然番茄酱1汤匙
- 冬南瓜1千克，剥皮，对半切开，之后切片，准备量约625克
- 亚尔斯堡奶酪250克，去壳并切成细丝
- 牛至2汤匙，切碎
- 橄榄油3汤匙
- 帕尔马火腿6片，切成薄片

1	2
3	4

1 制作酥皮面饼（见第17页）。将其擀成饼后放入直径25厘米有凹槽的饼托中。将番茄酱平摊在饼底上冷藏30分钟。

2 将冬南瓜片一片压一片摆放在面饼盘中，将奶酪片推入冬南瓜片中间，一片冬南瓜夹一片奶酪。

3 将牛至拌入橄榄油，并将一半的橄榄油刷在馅饼上。在提前预热的烤箱中烘烤30分钟，然后从烤箱中取出。

4 在馅饼上松散地摆上帕尔马火腿薄片，刷上剩余的橄榄油，放入烤箱再烤30分钟。

Smoked haddock & spinach tart
熏鳕鱼菠菜馅饼

熏鳕鱼会给这款简易馅饼带来鲜美的味觉享受。在晚餐中配新鲜马铃薯、菊苣、橘子沙拉趁热食用。

时间　准备：20分钟，冷冻时间另计
　　　　　烹饪：40分钟

烤箱　200℃，火力6挡；其后调至190℃，火力5挡

分量　4—6人份

食材　面饼：
　　　　　全麦面粉75克
　　　　　中筋面粉75克
　　　　　冷冻黄油75克，切片
　　　　　冰水2—3汤匙

　　　　　馅料：
　　　　　熏鳕鱼片350克
　　　　　牛奶300毫升
　　　　　冷冻菠菜叶125克，提前解冻
　　　　　黄油40克
　　　　　中筋面粉25克
　　　　　鸡蛋2个，打发
　　　　　熟切达奶酪75克，搓碎
　　　　　盐、胡椒粉

1　将所有面粉混合放入碗中，用指尖把黄油搓入面粉中，使面团看起来像粗面包屑一样。加入足量的水搅拌，制成一个硬面团。简单揉捏一下面团，之后冷藏30分钟。将面团擀成面饼，放入直径20厘米的深花边馅饼烤盘。在提前预热的烤箱中将面饼底预烤15分钟。

2　烤面饼期间制作馅料。将鳕鱼放入锅中，往锅中倒入牛奶。煮沸之后盖上锅盖，调小火，再轻煮10分钟，直至鳕鱼肉质变软，容易剥落。用漏勺将鱼肉从锅中盛出。将炖好的汤汁过滤倒入壶中。将鱼肉剥去外皮并剔骨剔刺，切成薄片。

3　在滤网中将菠菜用力压出水分。在锅中将黄油加热至冒泡，一边加入面粉一边不停搅拌约1分钟。逐渐拌入煮好的汤汁，直至汤汁浓稠光滑。

4　将汤汁静置冷却5分钟，然后拌入菠菜、鸡蛋、鳕鱼肉。加入50克奶酪，用盐和胡椒粉腌制入味。充分搅拌并倒入饼底。撒上剩余的奶酪，放入提前预热好的烤箱中烘烤，然后将温度设定为190℃、火力5挡，烘焙约25分钟。

Salmon tart with wholegrain mustard & rocket
三文鱼芝麻菜芥粉馅饼

　　芝麻菜是芥菜和西洋菜（豆瓣菜）的杂交品种，其嫩叶有一种非常辛辣的胡椒味道，很容易识别出来。

⊙ **时 间** 准备：20分钟，冷冻时间另计
烹饪：45—50分钟

▥ **烤箱** 200℃，火力6挡

✕ **分 量** 4人份

🍅 **食材** **面饼：**　　　　　　　　　**馅料：**
中筋面粉225克　　　　　三文鱼鱼排或鱼腰肉300克，去皮剔骨
黄油100克　　　　　　　牛奶250毫升
柠檬皮1个，切碎　　　　芝麻菜50克，装饰用菜叶备用
黑胡椒粉1汤匙　　　　　鸡蛋3个，打发
冰水4汤匙　　　　　　　颗粒芥末粉3汤匙
　　　　　　　　　　　　大葱5根，完全切碎

1 将面粉、黄油、柠檬皮、黑胡椒粉在食物处理机中粉碎至混合物看上去像面包屑。加入水后振动几分钟，直至混合物充分黏合。盖上保鲜膜冷藏1小时。

2 将面饼擀好并放入直径20厘米有花边凹槽的深底馅饼烤盘，然后在提前预热好的烤箱中预烤15分钟。除去防油纸、烤豆或锡箔纸之后，重新放入烤箱再烤5分钟。

3 把三文鱼放入牛奶中煮5分钟，直至煮熟，自然放凉。在饼底底部放入切好的芝麻菜。从牛奶中捞出三文鱼并沥干水分，汤汁保留不要丢。将三文鱼肉切成小片，并将其摆在芝麻菜上方。

4 把鸡蛋、颗粒芥末粉、大葱、蘑菇打在一起，并把刚才烹煮的汤汁倒在三文鱼上方。在提前预热的烤箱中烘烤25—30分钟，直至颜色金黄、馅料固定。用芝麻菜叶子装饰一下即可。

Leek & mussel tart
韭葱贻贝馅饼

如果愿意买鲜贻贝的话，您需要500克贻贝。将贻贝彻底洗净并用高火煮制，直至蚌壳张开。没有张壳的丢弃不用。

🕐 **时间**　准备：25分钟，冷冻时间另计　　烹饪：30分钟

🍴 **烤箱**　200℃，火力6挡

🍴 **分量**　4—6人份

🍴 **食材**

重油酥皮面饼175克	黄油25克
韭葱2根，修齐，洗干净，切片	去壳煮好的贻贝肉175克
鲜奶油3汤匙	干面包屑2汤匙
欧芹切碎3汤匙	蒜瓣1个，切碎
橄榄油2汤匙	盐、胡椒粉

1　制作重油酥皮面饼（见第18页）。将擀好的面饼压花边放入直径20厘米的馅饼烤盘中。冷藏30分钟，然后在预热好的烤箱中预烤15分钟。将防油纸、烤豆或锡箔纸去除后，将饼底放入烤箱再烤10分钟。

2　将黄油在煎锅中融化，将韭葱放入煎锅煎5分钟，直至韭葱变软。加入贻贝肉和鲜奶油。放入盐和胡椒粉腌制入味。用小火加热至完全变热。

3　在搅拌碗中将面包屑、欧芹、蒜瓣、橄榄油搅拌混合。

4　将贻贝肉和韭葱混合物装满温热的饼底，然后在顶端撒上面包屑混合物。将饼底放在提前预热的中型烧烤架下，直至面包屑颜色焦黄酥脆。趁热食用最佳。

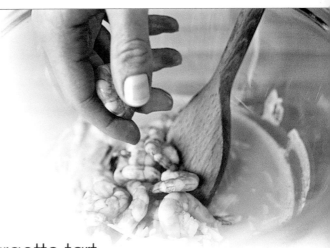

Prawn & courgette tart
鲜虾西葫芦馅饼

这里建议使用表皮鲜绿光滑的嫩西葫芦。要是使用老西葫芦，其表皮会很钝，且味道会减弱。

⊙ **时间**　**准备：**25分钟，冷冻时间另计
　　　　　　烹饪：40分钟

▥ **烤箱**　200℃，火力6挡；然后转至190℃，火力5挡

✕ **分量**　4—6人份

⊙ **食材**　酥皮面饼175克
　　　　　黄油40克
　　　　　西葫芦1个，切成条状
　　　　　中筋面粉25克
　　　　　热牛奶300毫升
　　　　　去皮熟鲜虾175克，如果冷冻请先解冻
　　　　　鸡蛋2个，打成蛋液
　　　　　熟切达奶酪75克，切丝
　　　　　盐、胡椒粉

1	2
3	4

1 制作酥皮面饼（见第17页）。将擀好的面饼沿着花边放入直径23厘米的馅饼烤盘。冷藏30分钟，然后在提前预热的烤箱中烘烤面饼底15分钟。

2 制作馅料。在炖锅中融化黄油，加入西葫芦条，轻微煮5分钟，直至变软，拌入面粉后，再煮1分钟。缓缓加入热牛奶搅拌，将汤汁煮至浓稠光滑。

3 将汤汁静置轻微冷却一会儿，然后搅拌入虾仁、鸡蛋、切成丝的奶酪50克。用盐和胡椒粉腌制入味。在饼底中倒入馅料，撒上剩余的奶酪丝。

4 将馅饼放入提前预热过的烤箱，然后将温度设定为190℃、火力5挡，烘焙25分钟，直至馅料呈现金棕色。趁热食用。

Smoked chicken & wild mushroom tart
熏鸡蘑菇馅饼

如果您喜欢，可以使用一般的烤鸡肉；但是野蘑菇和熏鸡肉的搭配会让人垂涎三尺。

🕑 **时间** 准备：20分钟，冷冻时间另计
烹饪：55—60分钟

▥ **烤箱** 200℃，火力6挡

✕ **分量** 6人份

☺ **食材** 酥皮面饼375克　　　　橄榄油1—2汤匙
各色野生蘑菇125克　　熏制好的鸡半只
自然红的番茄100克　　切达干酪100克，切丝
鸡蛋3个，打成蛋液　　高脂厚奶油300毫升
切碎的龙嵩叶2汤匙

1 制作酥皮面饼（见第17页）。将其擀好后，压花边放入30厘米×20厘米有凹槽的果馅饼盘。将面饼冷藏30分钟之后，在提前预热的烤箱中预烤15分钟。除去防油纸、烤豆或锡箔纸，放入烤箱再烤5分钟。

2 在煎锅中加热橄榄油，将蘑菇放入煎锅煎3—4分钟直至蘑菇轻微变色。

3 鸡肉去掉内藏和骨头，切成一小口的块儿。在饼底上撒上鸡肉、番茄、蘑菇、干酪。

4 将蛋液、奶油、龙嵩叶混合，倒在刚才做的馅料上，放入提前预热的烤箱烘焙30—35分钟，直至颜色金黄、馅料凝固。

Crispy duck tarts
松脆鸭肉馅饼

　　海鲜酱油的添加让这道馅饼尝起来有种让我们熟悉的风味。不仅如此，海鲜酱油也是许多东南亚国家的佐餐调料。西餐中反而很少使用海鲜酱油。

◌	**时间**	**准备**：45分钟，冷冻时间另计
		烹饪：55分钟
▥	**烤箱**	200℃，火力6挡
✕	**分量**	6人份
⌖	**食材**	千层酥皮375克，如果冷冻请先解冻
		打发的蛋液或牛奶，用于上色
		鸭腿2个
		鲜奶油6汤匙
		海鲜酱油8汤匙
		大葱6根，切成薄片
		黄瓜半根，切成火柴棍大小
		香菜15克，只取其叶

1	2
3	4

1 制作千层酥皮面饼（见第21页）。将面饼切成10厘米见方的面片。在距离边沿2.5厘米的地方，划两个"L"形切口，注意留下两个对角不要切开。在方形面饼边沿刷上水。

2 抬起其中一个切角，将面饼向其对切角方向翻折过来。另一切角边可以照此步骤制作，制成一个面饼底。在面饼上刷上蛋液或奶油，用叉子在饼底上扎一些小孔，放入提前预热的烤盘，冷藏备用。

3 用叉子叉上鸭腿，将鸭腿放在烤架上，在烤架下方放一个锡制烤盘用来接油。放进烤箱烤30分钟。放凉冷却，之后将鸭皮和鸭肉从鸭腿上撕下。

4 将鸭肉、鲜奶油、海鲜酱油放入搅拌碗中，充分混合并分成小份放入提前做好的饼底。放入烤箱烘焙25分钟，直至面饼顶端膨胀、色泽金黄。

5 将切好的大葱、黄瓜、香菜叶充分混合，食用前放在馅饼上。热食冷食均可。

Potato tart with ham, artichokes & mushrooms
马铃薯火腿洋蓟蘑菇馅饼

这款外形自由的馅饼使用类似司康烤饼的松软面团，它配上各种咸味的浇汁都很完美。

⌄ **时 间** 准备：20分钟　　烹饪：30—40分钟

🍳 **烤 箱** 200℃，火力6挡

✕ **分 量** 6人份

🍅 **食 材** 黄油75克
　　　　洋葱1个，切成薄片
　　　　中筋面粉150克
　　　　马铃薯泥125克
　　　　橄榄油1汤匙
　　　　红葱头2个，切片
　　　　蘑菇125克，切片
　　　　烤好的火腿125克，切成细条
　　　　罐装洋蓟心175克，沥干水分，切成薄片
　　　　盐、胡椒粉
　　　　百里香嫩枝，用来装饰

1	2
3	4

1 在煎锅中融化25克黄油，加入洋葱煎至变软，颜色变成浅棕色，然后自然放凉。

2 将剩余的黄油切丁，在搅拌碗中把黄油搓入面粉中。加入洋葱，并将压碎的马铃薯泥和煎锅中的汤汁也加入其中。再加入盐和胡椒粉腌制入味，制作成一个松软的面团。将面团在准备好的烤盘中压制成一个直径23厘米的圆饼。将面饼边沿捏起来制作一个饼圈。

3 在煎锅中把油加热，加入红葱头，煎成浅棕色。加入蘑菇，简单烘烤至变软。

4 将火腿和洋蓟心撒在面饼上，顶端放上红葱头片和蘑菇的混合物。如果喜欢，可以再次腌制，并放在提前预热的烤箱中烘烤25—30分钟，直至饼身变成金黄色。可装饰百里香嫩枝热食。

Cherry tomato tarts with pesto sauce
圣女果青酱馅饼

在这款色泽鲜艳的菜肴中，您可以使用提前制好的意大利青酱或您自己喜爱的其他食谱搭配；但是一定要让绿色的意大利青酱和红色圣女果形成鲜明的对比。

🕐 **时间**　准备：10分钟　　烹饪：18分钟

🍳 **烤箱**　220℃，火力7挡

🍴 **分量**　4人份

🍅 **食材**　橄榄油2汤匙
洋葱1个，完全切碎
圣女果375克
蒜瓣2个，压碎
纯天然番茄酱3汤匙
千层酥皮325克，如果冷冻请先解冻
打发的蛋液，用来上色
鲜奶油150克
现成的意大利青酱2汤匙
盐、胡椒粉
罗勒叶，用来装饰

1 在煎锅中将油加热，加入洋葱煎至开始变软。将150克圣女果对半切开。将煎锅从火头上移开，加入蒜瓣和纯天然番茄酱，然后将圣女果全部搅拌，直至全都薄薄地包裹上一层番茄酱。

2 制作千层酥皮面饼（见第21页）。擀开后，切成4个直径12厘米的圆形面饼，用切模工具或一个小碗划圆也可以。将面饼放入准备好的烤盘，用一把尖刀在距离外边沿1厘米的地方划上浅浅的印痕，用来做边沿；注意不要划透面饼。在面饼边沿刷上打发的蛋液。

3 将番茄混合物堆放在面饼底的中间，请确保混合物一定放在饼的边沿内。在提前预热的烤箱中烘焙15分钟，直至饼体膨胀、色泽金黄。

4 其间，将鲜奶油、意大利青酱、盐和胡椒粉在碗中轻微搅拌，以便奶油中混合上意大利青酱。将烤好的果馅饼放入餐盘中，用勺子淋上奶油和青酱混合物。撒上罗勒叶即可食用。

Dolcelatte & broad bean tartlets
意式蓝纹奶酪蚕豆小点

这种馅饼所含的全麦面粉能够散发出一种轻微的坚果风味。新鲜的蚕豆不易保存，所以请尽快使用。

⏱ **时间** **准备：** 15分钟，冷冻时间另计

烹饪： 30—40分钟

🍽 **烤箱**　200℃，火力6挡

🍴 **分量**　4人份

🍅 **食材**　**面饼：**
中筋面粉75克
全麦自发面粉75克（低筋面粉）
黄油75克，切片
冰水2—3汤匙
馅料：
红辣椒1个
蚕豆500克，带壳
意大利蓝纹奶酪125克，切碎
稀奶油2汤匙
盐、胡椒粉

1　将面粉在搅拌碗中混合。加入黄油，用指尖将黄油搓入面粉中，直至面团看上去完全像细面包屑一般。加入足够的水制成硬面团。将面团放在已撒上一层薄薄面粉的案板上，简单揉捏之后，冷藏30分钟。

2　将面团分成4份，将每个面团擀成面饼放入直径10厘米的浅馅饼烤盘中。将饼底冷藏15分钟。用叉子在每个饼底戳上一些小孔，然后在提前预热的烤箱中烘焙15—20分钟。

3　将红辣椒去籽，切成4瓣，将辣椒外皮朝上，放在热的烤架下面直至外皮变焦。冷却之后请去掉外皮。

4　其间将蚕豆剥出，在沸水中煮7—10分钟，煮至肉质鲜嫩。将蚕豆沥干水分，去掉外表皮。

5　将辣椒切成小丁，与煮好的蚕豆混合，然后放入饼底。在蔬菜上方撒上意大利蓝纹奶酪，倒上奶油。用盐和胡椒粉调味。放入烤箱烘焙8—10分钟，直至奶酪融化。趁热食用。

Spicy crab tartlets
香辣蟹肉小点

这种美味果馅饼充满了亚洲美食的绝妙风味组合。它制作简便，是极佳的聚会开胃小点心。

时间	**准备**：10—12分钟，冷冻时间另计	**烹饪**：10—12分钟

烤箱 200℃，火力6挡

分量 12个小点心

食材 酥皮面饼375克

新鲜白色蟹肉125克

熟番茄1个，剥皮，去籽，完全切碎

蒜瓣1个，压碎

香菜叶碎2汤匙

辣椒粉末1/4—1/2茶匙

蛋黄酱4汤匙

柠檬汁少许

盐、胡椒粉

1 制作酥皮面饼（见第17页）。将其擀成薄片并使用1个直径6厘米的切模工具，抠出12个圆饼。将精选的面饼放入蛋饼模盘摆好，用叉子在每个饼底上戳上一些小孔，冷藏15分钟。在提前预热的烤箱中烘焙10—12分钟，直至饼身变成浅金色。让其自然冷却。

2 用叉子在蟹肉中从头至尾捋一遍，去掉多余的蟹壳碎。

3 在蟹肉中加入番茄碎、大蒜、香菜、辣椒、蛋黄酱。加入少量柠檬汁，然后加入盐和胡椒粉调味。

4 在饼底中填满搅拌好的蟹肉混合物即可食用。

Mozzarella & tomato tartlets
马苏里拉奶酪番茄小点

这种馅饼几乎不用花什么时间就能制作。这是一款味道鲜美、馅料十足的午餐美食，可以搭配新鲜、酥脆的沙拉享用。

🕐 **时 间**　**准备：**15分钟　　**烹饪：**约20分钟

🍳 **烤 箱**　200℃，火力6挡

🍴 **分 量**　6人份

🍅 **食 材**　千层酥皮250克，如果冷冻，请先解冻
　　　　　　鸡蛋或牛奶打发，用于上色
　　　　　　纯天然番茄酱6汤匙
　　　　　　圣女果3个，去籽，大致切碎
　　　　　　马苏里拉奶酪125克，简单切丁
　　　　　　黑橄榄8个，去核，简单切碎
　　　　　　蒜瓣1个，完全切碎
　　　　　　牛至2汤匙，大致切碎
　　　　　　松子1汤匙
　　　　　　橄榄油，用于淋洒
　　　　　　盐、胡椒粉
　　　　　　各色蔬菜叶子沙拉，用于配餐

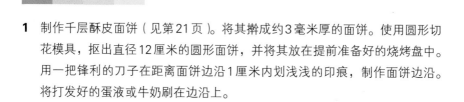

1　制作千层酥皮面饼（见第21页）。将其擀成约3毫米厚的面饼。使用圆形切花模具，抠出直径12厘米的圆形面饼，并将其放在提前准备好的烧烤盘中。用一把锋利的刀子在距离面饼边沿1厘米内划浅浅的印痕，制作面饼边沿。将打发好的蛋液或牛奶刷在边沿上。

2 将1汤匙番茄酱平摊在每个圆面饼上。将番茄酱、马苏里拉奶酪、橄榄、蒜、牛至、松子放在小碗中混合并用盐和胡椒粉腌制入味。

3 将混合物分别放在小圆形面饼上，洒上一点儿橄榄油。

4 将小果馅饼放入提前预热的烤箱中烘焙20分钟，直至饼身膨胀、色泽金黄。配各色蔬菜叶子沙拉，即刻食用。

Filo tarts with red pepper & pancetta
意大利烟肉红椒千层饼

如果您找不到辛辣味道的意大利烟肉，可以使用质量最好的五花烟熏肉。请您务必记得保证千层酥皮面饼要用盖子盖起来，否则面饼会丧失水分。

🕐 **时 间**　准备：10分钟　　烹饪：36—38分钟

🍳 **烤 箱**　200℃，火力6挡

🍴 **分 量**　6人份

🍲 **食 材**　千层酥皮面饼6—8张，每份切成3张直径11厘米的正方形面饼
黄油25克，融化
橄榄油1汤匙
意大利烟肉125克，切丁
大红辣椒1个，去籽，简单切碎
红皮洋葱1个，简单切碎
热辣椒粉1茶匙
意大利风味番茄酱100毫升
鸡蛋6个
格鲁耶尔干酪50克，切丝

1	2
3	4

1 在千层酥皮面饼上刷上融化的黄油，把面饼粘叠在一起，注意粘叠面饼的时候，每张面饼之间要有一定角度，这样您的面饼会形成6个错开的叠角形状。将叠好的面饼放入直径10厘米的馅饼烤盘中，然后放入提前预热的烤箱烘焙8—10分钟。

2 在煎锅中将橄榄油加热，放入意大利烟肉、红辣椒、洋葱、辣椒粉，煎8分钟直至全部煎透。

3 将煎锅从热火头上移开，拌入番茄酱。将混合物分成小份放入饼底，在馅料中央挖一个小坑。

4 每个小馅饼的馅料小坑中打入一个鸡蛋，撒上奶酪，之后放入提前预热的烤箱中烘焙20分钟。

法式甜面团或重油酥皮面饼通常用来制作甜味果挞，特别是使用烤模定型或装饰性果挞，因为这种面饼可以轻易保持形状。烘焙甜味果挞时，请注意不要烘焙得过了火，不要让饼体变成金棕色时还留在烤箱内继续烘焙，否则面饼中的糖会很快烧焦，产生轻微的苦味。

甜蜜水果

馅饼

因为很多种甜味果挞和小果馅饼都是冷食，所以面饼通常需要加烤豆预烤，这样就不会让馅料把面饼浸湿。对于一些特别值得纪念的时刻，可以提前分别制作饼底和馅料，且可以在最后摆上餐桌前，再将两者混合。香甜酥脆的饼体配上有光滑奶油的馅料会让您觉得事半功倍。

Creamy orange tart
奶油橘子果馅饼

这种馅料通常使用三个橘子的皮和一个橘子的橘子汁。橘子一旦剥去外皮就很容易变坏，所以其余的橘子应尽快使用。

⌄ **时间** **准备**：30分钟，冷冻时间另计
烹饪：50—55分钟

▥ **烤箱** 200℃，火力6挡；然后转至160℃，火力3挡

✕ **分量** 6人份

☺ **食材** 法式甜面团175克
鸡蛋2个，外加2个蛋黄
精白砂糖150克
稀奶油150毫升
橘子3个
装饰：
橘子1个
精白砂糖75克
水3汤匙
高脂厚奶油150毫升

1 制作法式甜面团做饼底（见第20页）。将面饼擀开放入直径20厘米较深的馅饼烤盘中。将面饼冷藏30分钟，在提前预热好的烤箱中加烤豆预烤15分钟。除去防油纸、烤豆或锡箔纸，放入烤箱再烤5分钟。

2 制作馅料。将鸡蛋、蛋黄、糖放入碗中打发至起泡。将奶油打发。把橘子剥皮之后，其中1个橘子榨汁。在蛋液混合物中，加入橘子皮和橘子汁再次打发。倒入面饼底，放入提前预热过的烤箱中，然后将温度设定为160℃、火力3挡，烘焙30—35分钟，直至馅料变硬。

3 准备装饰面饼。剥下的橘子皮切成细长条。锅中加水加糖煮沸，煮制过程中不停搅拌，直至糖充分溶解。加入橘子皮煮2—3分钟，其间不要搅拌直至煮成糖浆。

4 使用漏勺将橘子皮从糖浆中捞出，放入盘中。将高脂厚奶油在碗中打发至奶油变硬，用来装饰果挞。撒上用于上色的橘子皮，冷食即可。

L emon tart
柠檬馅饼

在饼底中加入柠檬皮和果汁，可以带来必需的酸味以平衡奶油馅料的过分甜腻之感。这种果挞冷食热食皆宜。

⊙ **时间**	**准备**：30分钟，冷冻时间和冷却时间另计	
	烹饪：45分钟	
▥ **烤箱**	190℃，火力5挡；然后转至160℃，火力3挡	
✗ **分量**	6人份	

🍅 **食材** **面饼：**

中筋面粉150克

泡打粉1/4茶匙

盐一小撮

精白砂糖65克

冷冻黄油125克，切片

蛋黄1个

柠檬的果皮3个切成细丝，果肉榨出果汁

馅料：

鸡蛋2个

蛋黄2个

精白砂糖50克

玉米淀粉4茶匙

柠檬皮1个，切成细丝

牛奶300毫升

高脂厚奶油300毫升

装饰：

柠檬切片

糖霜

1 将面粉过筛，与泡打粉、盐拌和，放在凉案板上，加入糖和柠檬皮搅拌。在面粉中央挖一个小窝，用来放黄油和蛋黄。用指尖把面粉、黄油、蛋黄揉在一起。揉制成面团之后，擀成面饼放入直径23厘米可脱模且有凹槽的馅饼烤盘中。冷藏30分钟，然后加入烤豆在提前预热的烤箱中预烤15分钟。

2 其间，将鸡蛋、蛋黄、糖、玉米淀粉、柠檬皮混合打发。在炖锅中加热牛奶、奶油、果汁，煮至半开。然后倒入打发好的鸡蛋混合物。将混合物重新放入锅中，用小火煮至汤汁黏稠，煮制过程中要不断搅拌。

3 将煮好的奶油蛋羹倒入面饼底并在提前预热好的烤箱中烘焙，然后将温度设定为160℃、火力3挡，烘焙30分钟，直至馅料凝固。

4 将果挞放在馅饼烤盘中放凉直至微温，之后将其放入餐盘中。用烤成棕色的柠檬片装饰馅饼，最后撒上糖霜。

Apple & orange sponge tart
苹果橘子海绵蛋糕馅饼

馅料中加入低筋面粉可以制作出光亮的海绵质地的馅料，这种馅料能够围绕苹果片膨胀。

⊙ **时间**　　**准备**：20分钟，冷冻时间另计
　　　　　　烹饪：35—40分钟

🍳 **烤箱**	190℃，火力5挡	
✕ **分量**	6—8人份	
🍅 **食材**	重油酥皮面饼200克	
	软黄油125克	
	精白砂糖125克	
	鸡蛋2个	
	低筋面粉125克	
	橘子皮1个切丝，橘子肉榨汁	
	小苹果3个	
	杏子酱2汤匙	

1　制作重油酥皮面饼（见第18页）。将面饼擀开后，压花边放入直径23厘米较深的馅饼烤盘。冷藏饼底30分钟。

2　制作馅料。将黄油、白砂糖、鸡蛋、面粉、橘子皮、橘子汁放入碗中，拌匀后打发2—3分钟，直至黄油糊光亮蓬松，在饼底上摊开。

3　将苹果去皮，切成扇形并去核。将每个扇形切成薄片后，将切片按扇形轻微分开。馅料中央放上一个苹果片，其余苹果片沿着边沿均匀摊开。

4　在提前预热的烤箱中将果馅饼烘焙35—40分钟，直至面饼变成金黄色、果馅固定。在炖锅中加热果酱，在筛子上压一压果馅，盛入碗中，之后，将过筛的果酱刷在馅饼顶端。冷食热食均可。

Plum & lemon tart
李子柠檬馅饼

　　这款食谱使用香甜可口、美味多汁的李子搭配味道鲜明的新鲜柠檬奶油冻。可以搭配轻微打发的奶油，冷食热食皆可。

⊙	**时 间**	准备：30分钟，冷冻时间另计
		烹饪：40—50分钟
▥	**烤 箱**	190℃，火力5挡
✕	**分 量**	6—8人份
⏁	**食 材**	重油酥皮面饼175克
		黄油50克，室温即可
		精白砂糖50克
		粗粒小麦粉50克
		柠檬皮1片，切丝
		鸡蛋1个，打发
		熟李子750克，切半去核
		杏子酱4汤匙
		奶油打发，用来佐餐

1	2
3	4

1 制作重油酥皮面饼（见第18页）。将擀好的面饼压边放入直径23厘米的馅饼烤盘中。用叉子在饼底底部扎上一些小孔。冷藏30分钟。

2 制作馅料。将黄油、糖在碗中打发至光亮蓬松。将粗粒小麦粉、柠檬皮和鸡蛋打发，摊开放在饼底上。将切半的李子放在顶部，切边朝下。

3 在提前预热的烤箱中烘焙果馅饼40—45分钟，直至饼身变成浅棕色、馅料呈现金色并固定在饼底中。

4 用一个小炖锅加热果酱，然后用勺子在漏勺中按压，过滤到一个大碗或水壶中。在馅饼上刷上杏子酱上色，分别配上奶油食用。

Lemon meringue pie
柠檬玛琳派

为了制作出最好的效果，请将蛋白在干净、干燥且无油的碗中打发。有些厨师喜欢加入一小撮盐或几滴柠檬汁，可以帮助泡沫定型。

⏱ **时 间**　　**准备：**35分钟，冷冻时间另计

　　　　　　　　准备：50分钟

🍳 **烤 箱**　　200℃，火力6挡

🍴 **分 量**　　6人份

🍅 **食 材**　　法式甜面团175克

　　　　　　　玉米淀粉25克

　　　　　　　精白砂糖100克

　　　　　　　水150毫升

　　　　　　　柠檬皮2个，切丝

　　　　　　　柠檬1个，榨汁

　　　　　　　黄油25克

　　　　　　　蛋黄2个

　　　　　　　玛琳（蛋白酥皮）：

　　　　　　　蛋白3个

　　　　　　　精白砂糖175克

1	2
3	4

1 制作法式甜面团做饼底（见第20页）。将面饼擀开后，压花边放入直径20厘米的馅饼烤盘。冷冻30分钟，之后在提前预热的烤箱中加烤豆预烤15分钟。除去防油纸、烤豆或锡箔纸后，放入烤箱再烤5分钟。

2 将玉米淀粉和精白砂糖在一口炖锅中混合，搅拌加入水、柠檬皮、柠檬汁直至充分混合，煮沸，其间不停搅拌，直至玉米淀粉和柠檬混合物显得黏稠光滑。将其从热火头上移开，加入黄油搅拌。之后静置，微微放凉。

3 将蛋黄在碗中打发。加入2汤匙柠檬玉米酱汁再次打发，将混合物倒入锅中。稍煮片刻，待玉米酱汁更黏稠后，倒入饼底。重新放入烤箱烘焙15分钟，直至馅料凝固。

4 将蛋清打发至浓稠。加入1汤匙砂糖打发，之后盖上盖子静置一会儿。将混合物摊开以盖住馅料。重新放入烤箱烘焙10分钟，直至玛琳变成金黄色。冷食热食皆可。

Mincemeat & clementine pie
柑橘水果派

作为圣诞布丁的替代品，您可以尝试这款带有橘子香味、色泽鲜艳的美味果馅饼。多汁的法国克莱门氏小柑橘肉可以让水果甜馅多汁美味。

🕐 **时间**　　**准备：**20分钟，冷冻时间另计　　　**烹饪：**25—30分钟

🍳 **烤箱**　　200℃，火力6挡

🍴 **分量**　　6人份

🍅 **食材**　　**面饼：**

　　　　　中筋面粉75克
　　　　　全麦面粉75克
　　　　　冷冻黄油75克，切片
　　　　　杏仁粉50克
　　　　　精白砂糖25克
　　　　　橘子皮1个，切丝
　　　　　鸡蛋1个，打发

　　　　　馅料：

　　　　　多味水果馅料375克
　　　　　克莱门氏小柑橘3个，去皮，切开果肉
　　　　　糖霜些许，用于撒在表面

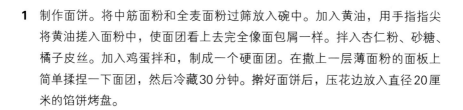

1　制作面饼。将中筋面粉和全麦面粉过筛放入碗中。加入黄油，用手指指尖将黄油搓入面粉中，使面团看上去完全像面包屑一样。拌入杏仁粉、砂糖、橘子皮丝。加入鸡蛋拌和，制成一个硬面团。在撒上一层薄面粉的面板上简单揉捏一下面团，然后冷藏30分钟。擀好面饼后，压花边放入直径20厘米的馅饼烤盘。

2 收集面饼的边角料，重新擀成面饼之后切成冬青树叶形状。将一些叶片蘸一点儿水粘在饼底上，此外还需留出6个叶片。将装饰好的面饼底冷藏30分钟。

3 将水果甜馅和克莱门氏小柑橘肉在碗中混合。将混合物平摊在饼底上，将预留的冬青叶片形状的面片放在顶端。

4 将水果馅饼放在提前预热的烤箱中烘焙25—30分钟，直至面饼呈现金棕色。撒上糖霜，冷食热食皆可。

French apple flan
法式苹果馅饼

某些特殊场合，您可以在把苹果摆在果挞上之前，先在苹果片上洒上几滴卡巴度斯牌苹果酒，它是用蒸馏苹果汁制作而成的。

时间 准备：30分钟，冷冻时间另计
烹饪：40—45分钟

烤箱 220℃，火力7挡；然后转至190℃，火力5挡

分量 8人份

食材 法式甜面团250克
苹果750克
柠檬汁3汤匙
热杏子酱4汤匙，过筛
稀奶油175毫升
鸡蛋2个，打发
精白砂糖50克

1	2
3	4

1 制作法式甜面团做饼底（见第20页）。将面饼擀开，压花边放入25厘米的馅饼烤盘中。冷藏饼底30分钟。

2 将苹果去皮、去核。将其切成片状放入碗中并倒上柠檬汁。将苹果沥干之后按照同心圆的顺序摆放在饼底上。

3 用刷子将杏子酱刷在苹果片上，将果挞放在提前预热的烤箱中烘焙10分钟。

4 将奶油、鸡蛋、糖在碗中打发。将混合物缓缓倒在苹果上。将果馅饼放入提前预热过的烤箱中，然后将温度设定为190℃、火力5挡，烘焙30—35分钟，直至饼身金黄、馅料熟透。请趁热食用。

A pricot tart
杏肉果馅饼

法式奶油馅可以用于制作各种水果馅饼。如果您将其放凉，请在其表面覆盖上一张潮湿的防油纸防止形成皮层。

🕐 **时 间** **准备**：20分钟，冷冻时间另计
烹饪：50分钟

◐ **烤 箱** 200℃，火力6挡；之后转至190℃，火力5挡

✖ **分 量** 6人份

◉ **食 材** 法式甜面团175克
大个鲜杏8个，切半，其中4个留核
香草白糖150克
水225毫升

奶油馅：
精白砂糖50克
蛋黄3个
玉米淀粉2汤匙
牛奶300毫升
香草精2—4滴

1 制作法式甜面团（见第20页）。将饼皮擀开后，压花边放入直径20厘米的可脱模馅饼烤盘中。将法式甜面团冷藏30分钟，然后放入提前预热的烤箱中烘焙15分钟。除去防油纸、烤豆或锡箔纸，降低烤箱温度后，再烘焙10分钟。将饼底从馅饼烤盘中取出之后静置放凉。

2 砸开4个杏核之后取出杏仁。将杏仁、砂糖和水放入锅中炖5分钟。

3 加入杏肉，小火炖煮10分钟，直至果肉变软。用厨房纸巾将其沥干。

4　制作奶油馅。将糖、蛋黄和玉米淀粉混合在一起。在炖锅中将牛奶煮至恰
好沸腾，之后拌入蛋液面团，然后打发。将混合物重新放入锅中慢慢煮至
沸点。在其表面盖上一层湿的防油纸，冷却放凉。将奶油馅摊开放在面饼
上，在其顶端摆上水果。冷藏直至可以食用。

Rhubarb & ginger pie
大黄生姜派

使用鲜嫩、色泽鲜亮的大黄茎，注意不要忘记加糖；否则不论大黄的
色泽如何诱人、果肉如何鲜嫩，总有一种酸味。

⌄ **时 间**　　**准备：**20分钟，冷冻时间另计　　**烹饪：**35—40分钟

〇 **烤 箱**　　190℃，火力5挡

✕ **分 量**　　6人份

❀ **食 材**　　**面饼：**
中筋面粉375克
冷冻黄油175克，切片
精白砂糖50克
橘子皮2茶匙，切丝
鸡蛋1个，打发
冰水2—3汤匙

馅料：
大黄750克，切片
精白砂糖50克
橘子汁3汤匙
生姜粉2茶匙
高脂厚奶油50毫升

1. 将面粉过筛放入碗中，加入黄油，用指尖将混合物搓成面包屑状。加入砂糖和橘子皮丝搅拌，之后加入鸡蛋和足量冰水混合制成一个硬面团。简单揉捏面团，然后冷藏30分钟。将一半面团擀成面饼后，放入直径23厘米的馅饼盘中。加入烤豆，将面饼放入提前预热的烤箱中预烤20分钟。除去防油纸、烤豆或锡箔纸之后，将面饼重新放入烤箱再烤5分钟。放在一边冷却。

2. 将大黄的茎、白砂糖、橘子汁、生姜粉放入炖锅炖煮10—15分钟。将奶油摊开在饼底上，之后用勺子舀上煮好的大黄等混合物。趁热食用。

Raspberry brûlée tart
覆盆子黑森林馅饼

在您将果馅饼放入烤箱加温之前，务必确保烤架有足够的时间真正受热。糖能够让光滑的奶油馅料顶端形成酥脆的感觉。

⊙ **时间**　准备：25分钟，冷冻时间另计　　烹饪：30分钟

▥ **烤箱**　200℃，火力6挡

✕ **分量**　4—6人份

⊛ **食材**　法式甜面团175克　　　　高脂厚奶油150毫升
　　　　　浓希腊酸奶150毫升　　　精白砂糖25克
　　　　　橘子皮1茶匙，切丝　　　覆盆子125克，去皮
　　　　　金色糖粒50克

1　制作法式甜面团做饼底（见第20页）。将面饼擀开，压花边放入直径20厘米的深馅饼烤盘中。冷藏30分钟。之后加入烤豆，放入提前预热的烤箱中预烤15分钟。除去防油纸、烤豆或锡箔纸，重新放入烤箱中再烤10分钟。

2　制作果馅。将奶油在碗中打发，直至奶油浓稠，之后拌入酸奶、白砂糖、橘子皮。

3　将覆盆子摆在饼底上，上面盖上一层奶油混合物。冷冻1小时直至奶油混合物凝固。

4　在馅料上面均匀地撒上金色糖粒，注意不要让任何奶油混合物暴露在空气中。用一条锡箔纸保护面饼的边缘，之后将果馅饼放入提前预热的烤架下，直至砂糖溶化冒泡。自然放凉，食用之前应一直冷藏保存。

Blueberry pie
蓝莓派

新鲜蓝莓的食用季节非常短，你也可以使用冷冻的蓝莓，它可成功地用于制作这款馅饼。这种美观的水果烘焙后风味和味道会更浓郁。

时 间　**准备：**25分钟，冷冻时间另计
　　　　　烹饪：30—35分钟

烤 箱　190℃，火力5挡

分 量　6人份

食 材　法式甜面团375克
　　　　　新鲜或冷冻蓝莓250克，如果冷冻请先解冻
　　　　　糖25克
　　　　　牛奶，用于上色
　　　　　杏仁片50克，用于装饰
　　　　　奶油或鲜奶油，用于佐餐

1	2
3	4

1 制作法式甜面团做饼底（见第20页）。将三分之二的面饼擀开后压花边放入直径23厘米的馅饼烤盘中。冷藏30分钟。将蓝莓均匀地摊开在面饼底上，撒上白砂糖。

2 将其余的面饼擀开后切成细条。在果挞的边沿刷上一点儿水，将面饼条按格子花纹依次摆放在果馅顶端。

3 在面饼上刷上一点儿牛奶，并在表面撒上杏仁片。

4 在提前预热的烤箱中烘焙30—35分钟，直至饼体金黄、蓝莓变软。配奶油或鲜奶油，冷食热食均可。

Raspberry & almond tart
覆盆子杏仁馅饼

这款点心使用的是没有甜味的面饼，加上丰富的甜果馅制作而成。杏仁碎、糖与鸡蛋的混合物也可用于制作杏仁奶油饼。

🕐 **时间**　　**准备：** 25分钟，冷冻时间另计
　　　　　　　烹饪： 35—40分钟

🎛 **烤箱**　　190℃，火力5挡

🍴 **分量**　　6—8人份

🍅 **食材**　　重油酥皮面饼175克
　　　　　　　无籽覆盆子果酱3汤匙
　　　　　　　精白砂糖75克
　　　　　　　鸡蛋3个
　　　　　　　黄油75克，融化
　　　　　　　杏仁碎75克
　　　　　　　杏仁香精数滴
　　　　　　　杏仁片25克
　　　　　　　糖霜50克，过筛

1 制作重油酥皮面饼做饼底
（见第18页）。将面饼擀开，
压花边放入直径23厘米的
馅饼烤盘中。将面饼冷藏
30分钟。

2 将果酱在面饼底上摊开。在
搅拌碗中将精白砂糖和鸡蛋
打发至光亮蓬松。将融化的
黄油打发，之后搅拌入杏仁
碎和杏仁香精。

3 将果馅料倒入饼底之后撒上
杏仁片。在提前预热的烤箱
中烘焙35—40分钟，直至
面饼酥脆、馅料固定。放在
一旁自然冷却。

4 在小碗中用几滴水将糖霜溶
化成糖液，之后轻轻洒在果
馅饼上。

Treacle tart
金黄糖蜜馅饼

在寒冷的冬季很难制作这种古老的点心。可以用大量的奶油冻或打发的奶油佐餐食用。

⊙ **时间**　准备：20分钟，冷冻时间另计　　烹饪：30—35分钟

◫ **烤箱**　190℃，火力5挡

✕ **分量**　6人份

⟡ **食材**　酥皮面饼250克
　　　　　金黄色糖浆275克
　　　　　新鲜白面包屑175克
　　　　　果皮2片，柠檬切丝，果肉榨汁

1 制作酥皮面饼（见第17页）。将面饼擀开，压花边放入直径20厘米的较深的馅饼烤盘中。将边沿去掉。

2 将金黄色糖浆在炖锅中加热直至黏软，之后将炖锅从火头上移开，加入面包屑、柠檬汁、柠檬皮搅拌。将搅拌好的混合物在面饼底上摊开。

3 将馅饼放入提前预热的烤箱中烘焙30—35分钟，直至饼身松脆、馅料金黄。洒上多余的金黄色糖浆，冷食热食皆可。

Linzertorte
林茨覆盆子酱杏仁饼

这款美味果挞是根据奥地利的小镇林茨命名的，其由杏仁碎制成的面饼颇具特色。

⏱ **时间**　准备：25分钟　　烹饪：25—30分钟

🎛 **烤箱**　190℃，火力5挡

🍴 **分量**　6人份

🍲 **食材**

中筋面粉150克	黄油75克
肉桂粉1/2茶匙	杏仁碎50克
糖50克	大个蛋黄2个
柠檬皮2茶匙，切成细丝	覆盆子果酱325克
柠檬汁大约1汤匙	糖霜，用来装饰

1	**2**
3	**4**

1 将面粉和肉桂粉过筛放入碗中。将黄油搓入面粉，直至混合物看上去完全像面包屑。加入糖、杏仁碎、柠檬皮，再加入蛋黄和足量柠檬汁制成硬面团。将面团放在撒有面粉的面板上轻轻揉一揉。

2 将三分之二的面团擀成面饼，压花边放入涂油的直径为18—20厘米、边沿有凹槽的馅饼盘中。务必使面团均匀摊开、压成圆形，将多余的边沿去掉。

3 把覆盆子果酱装满果馅饼饼底。将其余的面团擀成面饼，修齐边沿后用切刀切成长条。将切好的面条在果酱上摆出网格。

4 将果馅饼在提前预热的烤箱中烘焙25—30分钟，直至颜色变成金棕色。晾凉后将饼圈去掉。食用之前请在顶端撒上糖霜佐餐。

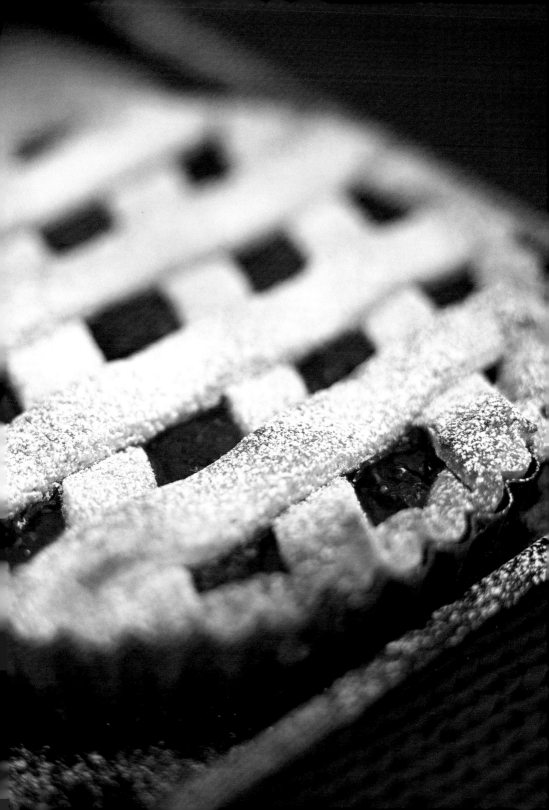

Butterscotch meringue pie
咸味奶油糖果玛琳派

在重油奶油馅料中使用黑褐色的黑砂糖，可以与放在馅饼顶端的
白色玛琳[1]产生一种鲜明的对比。

🕐 **时 间**　**准备**：35分钟，冷冻时间另计　　**烹饪**：35分钟

🎚 **烤 箱**　200℃，火力6挡

🍴 **分 量**　6人份

🍅 **食 材**　**面饼**：

中筋面粉125克	冷冻黄油75克，切丁
精白砂糖25克	榛子粉50克
蛋黄1个	冰水2—3汤匙

馅料：

玉米淀粉50克	黑砂糖125克
牛奶300毫升	黄油50克，切丁
蛋黄3个	香草精1茶匙

玛琳：

鸡蛋白3个	精白砂糖175克

1　制作面饼：将面粉倒入碗中，加入黄油，用指尖将面粉搓至面包屑状。
将糖与榛子粉搅拌，加入蛋黄和足量的水混合制成硬面团。

2　将面团简单揉一揉，然后摊开压花边，放入直径20厘米的饼模中，之
后加烤豆放入提前预热的烤箱预烤15分钟。除去烤纸、烤豆或锡箔纸
后，重新放入烤箱烤5分钟。

1　蛋白拌糖打至干性发泡，然后置于饼或蛋糕上。

3 将玉米淀粉和糖在炖锅中拌和，然后拌入牛奶直至表面光滑。轻微加热直至汤汁黏稠，之后再煮1分钟。将汤汁轻微冷却。打入黄油，一次放一点儿，其后搅拌入蛋黄和香草精。将馅料倒入饼底。

4 将蛋白打发至发泡而质地干燥。将1汤匙糖放入蛋白打发，之后将剩余配料放入打发。将打发好的玛琳摊开放在馅料上，将其完全包住。将馅饼重新放入烤箱烘焙10分钟，直至玛琳变成金色。冷食热食均可。

Baked custard tart
烘焙奶油冻馅饼

新鲜肉豆蔻的味道，远比现成的香辛粉要浓郁、突出。将肉豆蔻放在密封容器中，这样芳香味道就不会散失。

🕙 **时间**　　准备：20分钟，冷冻时间另计

烹饪：约1小时10分钟

🍽 **烤箱**　　200℃，火力6挡；然后转至160℃，火力3挡

✕ **分量**　　6人份

🍅 **食材**　　酥皮面饼175克

鸡蛋4个

精白砂糖25克

香草精1/2茶匙

牛奶450毫升

肉豆蔻粉

1	2
3	4

1 制作酥皮面饼（见第17页）。将面饼擀开，压花边放入直径20厘米的馅饼烤盘中。冷藏30分钟，之后放入提前预热的烤箱中预烤15分钟。将防油纸、烤豆或锡箔纸除去，把面饼重新放入烤箱烘焙5分钟。

2 将鸡蛋、白糖、香草精在碗中轻微搅拌。将牛奶加热至温热，然后倒入打好的蛋液混合物中再次打发。

3 将牛奶蛋羹过滤后倒入饼底中，撒上肉豆蔻粉。

4 将面饼放在预热过的烤箱中，然后温度设定为160℃、火力3挡，烘焙45—50分钟直至奶油冻凝固、饼体变成浅棕色。冷食热食均可。

Royal curd tart
皇家凝乳馅饼

皇家凝乳果馅饼是一种含有丰富果馅的馅饼，所以用不甜的面饼做饼底。凝奶酪会给馅料带来一种奶油般光滑的质感，但是不会过甜。新鲜的草莓是上好的佐餐之物。

🕐 **时　间**　　准备：20分钟，冷藏时间另计
　　　　　　　　烹饪：50—55分钟

🍳 **烤　箱**　　200℃，火力6挡；其后转至180℃，火力4挡

🍴 **分　量**　　6人份

🍅 **食　材**

酥皮面饼250克	中脂凝奶酪227克
杏仁碎50克	精白砂糖50克
鸡蛋2个，蛋黄、蛋清分离	柠檬1个，果皮切丝，果
小葡萄干50克	肉榨汁
糖霜，用于装饰	高脂厚奶油150毫升

1　制作酥皮面饼（见第17页）。将面饼擀开，压花边放在直径23厘米的果馅饼圈中，放在烤架上。用叉子在饼底上叉上一些小孔以防底部鼓起，冷藏30分钟。

2　将凝奶酪放入碗中，混入杏仁碎、精白砂糖、蛋黄，并加入柠檬皮和柠檬汁、小葡萄干和奶油后形成饼馅混合物。

3　将蛋白打发，然后拌入饼馅混合物。将混合物倒入饼底，放入提前预热的烤箱中烘焙20分钟；然后将烤箱温度调低至180℃、火力4挡，再烘焙30—35分钟至饼体定型、色泽金黄。

4　在果挞上撒上糖霜，冷食热食皆可。

Pumpkin pie
南瓜派

　　要制作南瓜泥，您可以将南瓜块蒸或煮15—20分钟，直至南瓜肉变软，然后彻底沥干水分，将南瓜块放入食物料理机中搅拌、打成泥或压泥过筛。

时间	准备：25分钟	烹饪：45—50分钟
烤箱	190℃，火力5挡	
分量	6—8人份	

食材　法式甜面团250克　　　南瓜泥250克，或罐装南瓜泥475克
　　　鸡蛋2个，打发　　　　稀奶油150毫升
　　　精白砂糖75克　　　　　肉桂粉1茶匙
　　　姜粉1/2茶匙　　　　　　肉豆蔻粉1/4茶匙
　　　装饰：
　　　肉桂粉　　　　　　　　　奶油150毫升，打发

1　制作法式甜面团做饼底（见第20页）。将面饼擀开后压花边放入直径23厘米的果派盘中。将修边时去除的面收集起来，重新擀成薄面饼，切成树叶形状。在饼底周边轻轻刷上点水，然后将叶子粘在上面。

2　制作果馅。将南瓜泥、鸡蛋、奶油、糖和调料放入碗中拌匀。倒入饼底。

3　将果派放入提前预热的烤箱烘焙45—50分钟，直至果馅凝固。放凉。

4　将奶油放入碗中打发至黏稠。用勺子舀起奶油绕着果派的边沿洒一圈，之后撒上一点儿肉桂粉。

Rocky road tart
巧克力蛋糕馅饼

　　如果您想要提前冷冻这款馅饼，一旦饰料已经冻住时，就要用保鲜膜或锡箔纸将其紧紧包裹好。食用前应放冰箱冷冻30分钟以软化顶饰。

时间　**准备：**15分钟，冷冻时间另计
　　　　　烹饪：无

分量　8人份

食材　**面饼底：**
　　　　　姜饼或消化饼300克
　　　　　黄油125克，融化
　　　　　蜂蜜50毫升

　　　　　馅料：
　　　　　蜂蜜杏仁巧克力150克
　　　　　融化的奶油1汤匙
　　　　　高脂厚奶油75毫升
　　　　　巧克力冰激凌450毫升
　　　　　蓝莓冰激凌450毫升
　　　　　香草冰激凌450毫升
　　　　　迷你棉花糖100克
　　　　　碧根果50克，大致切碎
　　　　　新鲜樱桃或草莓，用于装饰（可选用）

1　将饼干放入塑料包中，用擀面杖轻轻敲击用来制作饼
　　干碎。将黄油、蜂蜜、饼干碎在搅拌碗中混合。用勺
　　子将混合物舀入直径25厘米的馅饼烤盘中，压入饼底，
　　用勺子背堆出花边。冷藏30分钟。

2　将巧克力、黄油、高脂厚奶油放入隔热碗中，放在盛水的
　　锅中慢炖直至混合物融化变得光滑。放在一旁自然冷却。

3　用勺子将冰激凌舀到饼干上，可以在舀的过程中不停
　　换换风味。在顶端撒上棉花糖和碧根果碎。洒上第二
　　步的酱再冷冻2小时。如果喜欢，可以在食用前用新鲜
　　水果装饰。

Chocolate pear slice
巧克力梨片馅饼

这款速成的甜点是特殊场合中一种聪明的选择，而且如果前面上了重油的菜式的话，这款点心也不会显得过于浓腻。它可以提前准备好，只要食用前迅速烹饪一下即可。

🕐 **时间**　准备：30分钟　烹饪：30分钟

▥ **烤箱**　200℃，火力6挡；其后转至230℃，火力8挡

✕ **分量**　6人份

🍅 **食材**　大个熟雪梨2个
　　　　　柠檬汁2汤匙
　　　　　千层酥皮350克，如果冷冻请先解冻
　　　　　纯巧克力150克，弄成碎片
　　　　　鸡蛋打发，用于上色
　　　　　糖霜，用于撒粉
　　　　　稀奶油，用于佐餐

1　将雪梨切成4瓣，去核切成薄片。将雪梨片放入了加柠檬汁的水碗中。

2　制作千层酥皮面饼（见第21页）。将其擀成30厘米×18厘米见方的面饼，放入提前准备好的烤盘中。用刀尖在距离面饼边沿1厘米的地方划出浅浅的印痕，注意不要将面饼切透。

3　将巧克力融化后，摊在距离切线1厘米以内的地方。雪梨片沥干水分，摆放在巧克力上，注意摆放在切线之内。在饼底的边沿用刀背划出小印痕。在面饼边沿刷上蛋液，放入预热的烤箱烘焙25分钟，直至饼体膨胀、色泽金黄。

4 将烤箱温度调高至230℃、火力8挡。在面饼和雪梨上撒上大量糖霜。将馅饼重新放入烤箱烘焙5分钟，直至饼身呈现金棕色。微微放凉之后，浇上稀奶油佐餐，热食即可。

Chocolate velvet pie
巧克力天鹅绒派

这种巧克力酥饼的饼底是传统纯酥饼一种有趣的变形。

🕐 **时　间**　准备：35分钟　　烹饪：22分钟

🍳 **烤　箱**　180℃，火力4挡

🍴 **分　量**　10人份

🍅 **食　材**　**奶油酥饼：**　　　　　　**馅料：**
中筋面粉175克　　　　　明胶粉4茶匙
可可粉2茶匙　　　　　　冷水3汤匙
无盐黄油125克，切丁　　精白砂糖125克
精白砂糖25克　　　　　　蛋黄3个
　　　　　　　　　　　　玉米淀粉1汤匙
　　　　　　　　　　　　牛奶600毫升
　　　　　　　　　　　　意大利特浓咖啡粉2汤匙，磨碎
　　　　　　　　　　　　纯巧克力50克，弄成碎片
　　　　　　　　　　　　巧克力刨花，用作装饰

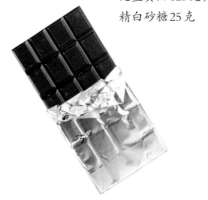

1	2
3	4

1 将黄油搓入过筛的面粉和可可粉中，加入糖混合制成面团。均匀压制饼底并将其压花边放入直径20厘米的深一点儿的花边馅饼烤盘。将饼底放入提前预热的烤箱中烘焙20分钟，之后放凉。

2 将明胶粉浸水。将糖、蛋黄、玉米淀粉、2汤匙牛奶打发。将其余牛奶加入咖啡粉煮沸。加入蛋液混合物打发。

3 将混合物放入炖锅轻微加热，不断搅拌，直至液体变得黏稠。将其从火头上移开，放入明胶水，搅拌直至全部溶解。加入巧克力不断搅拌，直至其完全融化，轻轻冷却之后将混合物倒入馅饼烤盘中。冷藏几个小时。

4 将果派放入碟子中，可撒上大量巧克力刨花。

Pear, red wine & walnut tart
雪梨红酒胡桃馅饼

这种重油果馅饼应冷食。雪梨切片时尽量不要改变形状，这样往奶油冻上摆盘时可以轻松辨认出来。

🕐 **时 间**　　**准备**：15分钟，冷冻时间另计　　　**烹饪**：45分钟

🍳 **烤 箱**　　200℃，火力6挡

🍴 **分 量**　　6人份

🍅 **食 材**　　**面饼**：

中筋面粉175克	冷冻奶油75克，切丁
精白砂糖50克	胡桃25克，完全切碎
蛋黄1个	冰水1—2汤匙

雪梨：

熟雪梨4个	柠檬汁1汤匙
红酒300毫升	精白砂糖125克
肉桂棒1根	红醋栗果冻4汤匙

馅料：

浓冷冻奶油冻150毫升	高脂厚奶油150毫升

1 将面粉过筛放入碗中，加入黄油。用手指搓入黄油，使面粉看上去像面包屑。拌入精白砂糖和胡桃，并加入蛋黄和足量的水做成硬面团。将面团擀成面饼，压花边放入直径23厘米的馅饼烤盘中。将饼底冷藏30分钟，之后加入烤豆，放入提前预热的烤箱中预烤15分钟。除去防油纸、烤豆或锡箔纸，将面饼放入烤箱，再烤10分钟。

2　将雪梨去皮、切半并去核。在上面刷上柠檬汁以防止其变色。在炖锅中加入酒、糖、肉桂棒，煮至沸点，加入雪梨块用水轻微煮约10分钟，直至梨肉稍软但未变形。使用漏勺将雪梨和肉桂棒从糖浆中舀出，将肉桂棒丢弃。将糖浆煮制10分钟直至变浓，加入红醋栗果冻搅拌。

3　在饼底内刷上一点点红酒。将奶油冻放入碗中打发至蓬松。将奶油在另一个碗中打发，将其包入奶油冻。将混合物摊开放在饼底上。将雪梨切成薄片，并将其摆放在馅料上，之后刷上剩余的红酒糖浆。

Tarte Tatin
焦糖苹果挞

这款经典法式果挞做起来其实相当简单。制作这款点心您可以使用味道鲜美松脆的苹果，比如考克斯苹果和无盐黄油。

⊙ **时 间**	**准备：**20分钟，冷冻时间另计	**烹饪：**35—40分钟
◫ **烤 箱**	200℃，火力6挡	
✕ **分 量**	4—6人份	
⬠ **食 材**	法式甜面团175克	

黄油50克

精白砂糖50克

甜苹果6个，去皮、去核，切成4瓣

浓奶油或鲜奶油，用来佐餐

1   制作法式甜面团做饼底（见第20页）。将面饼用保鲜膜紧紧包裹起来，冷藏
    30分钟。

2   将黄油和白糖溶化放入直径20厘米的耐热煎锅中。当混合物变成金棕色
    时，加入苹果，并裹上一层糖浆。在煎锅中将苹果煎几分钟，直到苹果上
    的糖浆开始变成焦糖。

3   将面饼在撒有一层薄薄面粉的面板上擀成一个稍微比煎锅大一点儿的圆形
    面饼，放在苹果上，用手压紧面饼的边沿，将其紧紧压在炖锅的边上直至
    其整齐地压在花边槽上。

4   在提前预热的烤箱中烘焙35—40分钟，直至饼体呈现金色。将其在盘中冷
    却5分钟，之后把一个大盘子放在馅饼烤盘上方，将馅饼烤盘倒扣过来。可
    配浓奶油或鲜奶油趁热食用。

Mascarpone & date tart
奶酪枣椰果馅饼

这款点心中酥脆微甜的饼体和奶香馥郁、入口光滑的马斯卡彭奶酪会形成绝妙的对比。通常使用新鲜的枣椰子做馅料。

🕐 **时间**　　**准备：** 15分钟，冷冻时间另计　　　**烹饪：** 大约1小时

🍳 **烤箱**　　180℃，火力4挡

🍴 **分量**　　8人份

🍅 **食材**　　法式甜面团200克　　　　　新鲜枣椰子250克，切半并去核
　　　　　　　马斯卡彭奶酪250克　　　　高脂厚奶油125毫升
　　　　　　　鸡蛋2个，轻微打发　　　　精白砂糖2汤匙
　　　　　　　玉米淀粉1汤匙　　　　　　香草精2茶匙

1 制作法式甜面团做饼底（见第20页）。将面团擀成面饼，压花边放入直径23厘米有凹槽的馅饼烤盘中。将面饼放入冰箱冷藏30分钟。

2 将面饼的边缘修掉并放入提前预热的烤箱中，加烤豆烘焙10分钟。除去防油纸、烤豆或锡箔纸，将面饼底放入烤箱再烤10分钟。静置放凉。

3 将切好的枣椰子均匀地撒在烤好的饼底上。将马斯卡彭奶酪、奶油、鸡蛋、糖、玉米淀粉、香草精放入碗中打发至光滑。

4 将混合物倒入饼底之后，把饼底放入烤箱烘焙35分钟，直至馅料凝固、色泽金黄。

Lemon & passion fruit pie
柠檬西番莲派

在这种不太常见的美式水果派中，柠檬的酸味能够调和西番莲果黄色果肉的清甜味道。

🕐 **时间** 准备：25分钟，冷冻时间另计
烹饪：40—45分钟

🍳 **烤箱** 200℃，火力6挡；其后转至160℃，火力3挡

🍴 **分量** 8人份

🍅 **食材** 法式甜面团175克
鸡蛋4个
糖50克
高脂厚奶油150毫升
柠檬皮3个，切成细丝，果肉榨汁
装饰：
西番莲果3个，去籽
高脂厚奶油150毫升，打发至定型

1	2
3	4

1 制作法式甜面团（见第20页）。将面饼擀开，压花边放入直径20厘米有凹槽的馅饼烤盘中，然后将面团的多余花边去掉。将面饼加烤豆放入提前预热的烤箱中烘焙15分钟。除去烤豆、防油纸或锡箔纸，将面饼放入烤箱再烤5分钟。

2 制作馅料。将鸡蛋和糖打发，之后加入奶油、柠檬皮、柠檬汁搅拌。

3 将搅拌好的馅料倒入饼底中，将顶端抹平，重新放入预热好的烤箱中，然后将温度设定为160℃、火力3挡，烘焙25—30分钟，直至馅料凝固。放在一边自然冷却。

4 将两个西番莲果的籽加入奶油中搅拌，用勺子舀到果派上面。将剩余的西番莲果籽撒在果派上面。请于1小时之内食用。

Summer fruit flan
夏日缤纷水果馅饼

美味的夏日缤纷馅饼由各色美味浆果制作而成，是一款晚餐或派对的绝佳选择。不仅外观独特而且足可以招待10位客人。

⊙ **时 间**　准备：30分钟，冷冻时间另计　　**烹饪：** 20分钟

◐ **烤 箱**　220℃，火力7挡

✕ **分 量**　8—10人份

🍅 **食 材**　千层酥皮500克，如果冷冻请先解冻
打发的蛋液，用来上色
樱桃数颗，用来装饰

奶油冻馅料：
鸡蛋1个
精白砂糖50克
中筋面粉40克
牛奶300毫升
黄油25克，切丁
香草精数滴

水果馅：
蓝莓250克，去皮，切成薄片
覆盆子125克，去皮
樱桃250克，去核，切半
桃子3个，切片
红醋栗125克，去茎
黑莓125克，去茎
红醋栗果冻，或悬钩子果冻4汤匙

1 制作千层酥皮面饼（见第21页）。将面团擀成30厘米见方的面饼。将面饼放入烤盘中，从四边切下宽2.5厘米的细条，在细条上刷上蛋液。将细条绕着边做出边沿，注意转角处要修整齐。把细面条压住密封后将边沿捏紧。

2 用叉子在饼底上扎上一些小孔，在饼的边沿上刷上蛋液，放入提前预热的烤箱中烘焙20分钟，直至饼体膨胀、颜色变成金棕色。烤好后放在铁架上冷却。

3 将鸡蛋、糖放入碗中打发。再加入1汤匙牛奶和面粉打发。将其余牛奶加热并倒入混合物中。将混合物放入炖锅用中火加热，不断搅拌直至浓稠光滑。关火后，打进黄油和香草精。盖紧盖子自然放凉。

4 将奶油冻摊开放在面饼底上，再将水果摆放在顶部。用樱桃装饰一下。把果冻加热后刷在水果和面饼边沿上。冷藏2小时后食用。

Chocolate, maple & pecan tart
巧克力枫糖碧根果馅饼

这种华丽的果挞和经典碧根果派很相似，不同之处只是添加了巧克力馅。加热食用或冷冻食用均可。

时间　准备：30分钟，冷冻时间另计

烹饪：35—40分钟

烤箱　180℃，火力4挡；然后转至230℃，火力8挡

分量　8人份

食材　纯巧克力200克，弄成碎片

无盐黄油50克

精白砂糖75克

枫糖浆175克

鸡蛋3个

法式甜面团或千层酥皮350克，如果冷冻请先解冻

碧根果125克

糖霜，用来撒粉

1　将巧克力放在隔水碗中加热融化，加入黄油搅拌。将糖和枫糖浆一起放入炖锅，轻微加热直至糖分完全溶解。将其放凉之后，将鸡蛋轻微打发至大致出现光滑黏稠的样子。加入巧克力和糖浆混合物打发。

2　制作法式甜面团或千层酥皮面饼（见第20—21页）。将面饼擀好放在直径23厘米的深馅饼烤盘中。冷藏30分钟。将果馅倒入饼底之后将饼底放在烧烤架上，放在提前预热的烤箱中烘焙15分钟，直至果馅开始固定。

3　将果馅饼从烤箱中取出，并在顶端撒上碧根果。放入烤箱再烤10分钟，直至碧根果开始变成棕色。将烤箱温度调高至230℃、火力8挡。

4　在果挞上撒上厚厚的糖霜，重新放入烤箱烘焙5分钟，直至坚果裹上焦糖。食用前请将其冷却20分钟。

Cheesecake tart with Grand Marnier berries
柑曼怡酿覆盆子芝士蛋糕

将覆盆子干在柑曼怡酒中浸泡一会儿，不仅要让果肉膨胀而且要确保橘子的香味渗透到馅料中。

时 间　准备：15分钟，冷冻时间另计
　　　　　烹饪：约1小时

烤 箱　180℃，火力4挡

分 量　8人份

食 材　樱桃干和覆盆子干175克
　　　　　柑曼怡酒5汤匙
　　　　　蜂蜜2汤匙
　　　　　柠檬1个，果皮切丝
　　　　　重油酥皮面饼200克
　　　　　意大利乳清干酪250克
　　　　　奶油干酪200克
　　　　　精白砂糖100克
　　　　　鸡蛋3个，外加1个蛋黄
　　　　　杏仁片25克

1 将覆盆子干和樱桃干、柑曼怡
酒、蜂蜜、柠檬皮一起放在小
锅中。用小火加热，直至液
体煮沸。将其从火头上撤下，
盖上盖子，自然放凉。

2 制作重油酥皮面饼（见第18
页）。将面饼压花边放入直径
23厘米的馅饼烤盘中。冷藏
30分钟，之后将多余的饼皮
去掉。将饼底放在提前预热的
烤箱中，加入烤豆烘焙20分
钟。将防油纸、烤豆或锡箔纸
去掉，重新将饼底放入烤箱烘
焙5分钟。

3 将两块奶酪、糖和鸡蛋放入碗
中打发，制成光滑的奶油冻。
加入一半的覆盆子干混合搅
拌，之后倒入饼底。放入烤
箱烘焙35分钟，直至果馅饼
体变硬、顶部色泽金黄。

4 用勺子舀上剩余的覆盆子干
混合物放在果挞顶上，用杏
仁碎片装饰顶部。放在一边
冷却并配一杯柑曼怡酒佐餐。

Chocolate swirl tart
旋涡巧克力馅饼

这种馅饼制作便捷，很快会成为一种受大众欢迎的点心。这种意式饼干添加了美味的杏仁口味。

⊙ **时 间** **准备：**20分钟，冷冻时间另计

烹饪：无

✕ **分 量** 6—8人份

🍅 **食 材** **面包屑外壳：**

消化饼干125克

意式杏仁脆饼50克

黄油6汤匙

果馅：

纯巧克力200克

高脂厚奶油250毫升

1 将饼干放入塑料袋并用擀面杖压碎。将黄油在煎锅中融化后，加入饼干碎屑搅拌。将混合物压紧，放入刷过油的直径23厘米的烤盘中，冷冻直至饼体变硬。

2 将巧克力放入隔热碗中，然后将隔热碗放入盛有热水的锅中加热。轻轻搅拌直至巧克力完全融化。在擀面杖上裹上一层锡箔纸，刷上薄薄的一层油。在擀面杖上沿"之"字形淋上一点儿巧克力浆，每个大约2.5厘米长，将其冷冻直至巧克力固定。

3 将奶油打发，然后拌入其余融化巧克力。用勺子将巧克力舀入饼干皮中冷藏2小时直至馅料固定。

4 食用前，将巧克力旋涡装饰小心地从擀面杖的锡箔纸上剥下来，摆放在果挞中央。

White chocolate & almond tart with mint
白巧克力杏仁薄荷奶油馅饼

薄荷和巧克力结合能够产生出绝美的风味，不仅清爽甜美，而且相得益彰。

⊙ **时 间**　准备：15分钟，冷冻时间另计　　烹饪：40分钟

◫ **烤 箱**　180℃，火力4挡

✕ **分 量**　6—8人份

⊙ **食 材**
法式甜面团300克	杏仁粉125克
精白砂糖50克	黄油125克
较大鸡蛋2个	白巧克力200克，仔细切碎
杏仁片25克	白巧克力25克，磨碎，用于装饰

薄荷奶油：
高脂厚奶油300毫升	薄荷2汤匙，切碎
精白砂糖2汤匙	

1　制作法式甜面团（见第20页）。将面饼擀开后，压花边放入直径23厘米有凹槽的馅饼烤盘，冷藏30分钟。

2　将杏仁、糖、黄油和鸡蛋放入食物料理机中，快速打至光滑。加入白巧克力，然后振动几下，让巧克力融入混合物中。

3　将巧克力混合物舀入准备好的馅饼底中，撒上杏仁片放入提前预热的烤箱中烘焙40分钟，直至馅料颜色金黄、顶部凝固。

4　将果馅饼从烤箱中取出，撒上磨碎的白巧克力。将奶油、薄荷和糖打发直至变浓，配在馅饼上趁热食用。

White chocolate cherry tart
白巧克力樱桃馅饼

这款点心中巧克力和樱桃完美结合，既非常经典，又美味十足。肉桂和巧克力则是另一款最佳拍档。

时间　准备：30分钟，冷冻时间另计
烹饪：约1小时

烤箱　200℃，火力6挡；其后转至180℃，火力4挡

分量　6—8人份

食材　面饼：
中筋面粉175克
肉桂粉1/2茶匙
无盐黄油125克，切丁
精白砂糖25克
冰水2—3汤匙

果馅：
鸡蛋2个
精白砂糖40克
白巧克力150克，完全弄碎
高脂厚奶油300毫升
新鲜黑莓或红樱桃450克，去核，或用2罐去核的黑莓或红樱桃罐头，沥干水分
肉桂粉，用来撒粉

1 制作面饼。将面粉和肉桂粉过筛放入碗中，加入黄油，用指尖搓入面粉中。加入白糖和足量的水混合制成硬面团。将面团擀成面饼之后压花边放入直径23厘米的可脱模馅饼烤盘中。冷藏30分钟，之后加入烤豆放入提前预热的烤箱中烘焙10分钟。除去防油纸、烤豆或锡箔纸，重新将饼底放入烤箱再烤5分钟。

2 将鸡蛋和糖放在一起打发。将巧克力和奶油放入一个小碗中，将小碗在热水中加热直至巧克力完全融化。倒入鸡蛋混合物，不断搅拌。

3 将樱桃摆入果馅饼盘中。将巧克力混合物倒在樱桃上面。

4 将果馅饼盘放入提前预热好的烤箱中，然后温度设定为180℃、火力4挡，烘焙45分钟，直至巧克力奶油凝固。撒上肉桂粉趁热食用。

Espresso tart with chocolate pastry
意式特浓巧克力饼

　　这种香味浓郁且令人陶醉的果馅饼，制作方法简单得令人难以置信。您可以在其顶部用巧克力咖啡豆装饰，来作一点额外的小惊喜。

⌄	**时间**	**准备：**15分钟，冷冻时间另计	**烹饪：**1小时
◫	**烤箱**	180℃，火力4挡	
✕	**分量**	8人份	

🍮 **食材**   **面饼：**面粉200克   质量上乘的可可粉35克

金黄色细砂糖50克   黄油150克，切丁

大个鸡蛋1个，打发   冰水2—3汤匙

馅料：高脂厚奶油450毫升   鸡蛋3个

金黄色细砂糖125克   速溶意大利特浓咖啡粉2汤匙

黑巧克力25克，切碎

1	**2**
3	**4**

1 制作面饼。将面粉和可可粉过筛放入碗中。在面粉中加入糖和黄油，用指尖将混合物搓至面包屑状。加入鸡蛋和足量的冰水制成硬面团。将面饼擀开，压花边放入23厘米的馅饼烤盘中。冷藏30分钟，之后将花边外面多余的面饼边缘修掉。

2 加入烤豆，将面饼皮放入提前预热的烤箱中预烤15分钟。除去烤豆、防油纸或锡箔纸后，将果馅饼放入烤箱再烤10分钟。

3 将黄油加热煮沸。将鸡蛋、糖、咖啡粉混合后打发，之后将热奶油倒在上面，不断搅拌。将搅拌好的混合物精细过筛之后倒入饼底中。

4 将果馅饼放入烤箱烘焙30—35分钟，直至馅料固定。烤好的面饼从烤箱中取出，撒上黑巧克力碎。食用前静置放凉。

M ango tartlets with passion fruit cream
杧果西番莲奶油小点

购买杧果时，应挑选颜色鲜亮、果皮柔软、富有光泽的杧果，然后沿着大果核的边下切刀切成片状。

⏱ **时间** 准备：15分钟，冷却时间另计 烹饪：15—20分钟

🔅 **烤箱** 200℃，火力6挡

🍴 **分量** 4人份

🍅 **食材** 千层酥皮250克，如冷冻应先解冻 **西番莲果奶油冻：**
熟杧果2个，去皮、去核，切薄片 西番莲果2—3个
薄荷嫩枝，用于装饰 稀奶油125毫升
黄油25克，融化
精白砂糖100克

1 制作千层酥皮面饼（见第21页）。将面团擀成5毫米厚的面饼，切出4个直径12厘米的面圈。将面圈放在两个准备好的烤盘上，用叉子在面饼上完整地叉一遍。

2 将杧果片排列在面圈上，用勺子舀出融化的黄油并洒在杧果片和面饼上，在最上面撒上糖。

3 将果挞放入预热好的烤箱烘焙15—20分钟，直到面饼熟透、颜色呈现金黄色为止。

4 烘焙果挞的同时，将西番莲果切半，用一把茶匙舀出果肉，放在一个小碗里。倒入奶油，并且彻底搅拌。将果挞分别放在独立的盘子里，并在果挞周边舀上奶油，放上薄荷嫩枝做装饰，立即可以食用。

Praline choux tart
果仁糖泡芙馅饼

　　制作泡芙面团花费的时间并不长，结果看起来却会让人很有成就感。特殊的场合可以制作这种泡芙点心。新鲜成熟的草莓是这款点心的点睛之笔。

⌄ **时间**　　准备：30分钟　　烹饪：30分钟

▥ **烤箱**　　200℃，火力6挡

✕ **分量**　　6人份

◔ **食材**　　泡芙面团75克
　　　　　　完整杏仁颗粒150克，轻微烘焙后大致切碎即可
　　　　　　精白砂糖150克
　　　　　　马斯卡彭奶酪175毫升
　　　　　　高脂厚奶油50毫升
　　　　　　冰水1汤匙
　　　　　　水3汤匙
　　　　　　新鲜草莓，用于装饰（可选用）

1	**2**
3	**4**

1 制作泡芙面饼（见第24页）。将三分之一的泡芙面皮面饼混合物舀入烤盘，之后用勺子背将其摊开成直径22厘米的圆盘形状。将其余的泡芙面皮混合物用勺子舀成一小堆儿一小堆儿的放在烤盘中，完全间隔开。在提前预热的烤箱中烘焙20分钟，直至色泽金黄。

2 将每个小圆面坯用叉子扎几下，把大饼底也用叉子扎几次，这样可以方便蒸汽溢出。重新放入烤箱烤干5分钟。如果饼底不够干的话，可以再多烤5分钟。将面饼在烤网上自然冷却。

3 将杏仁放在轻轻刷过一层油的锡箔纸上。用中火将糖放入水中溶化直至色泽金黄。将糖汁倒在杏仁上之后将其冷却。

4 将马斯卡彭奶酪、奶油和杏仁糖打发至变浓稠。将小圆泡芙的底部沾上一点儿奶油之后绕着饼底的边粘在大饼底上。用勺将剩余的奶油舀在面饼中央。撒上糖霜，之后用剩余的果仁碎片和新鲜樱桃装饰一下泡芙饼。

Strawberry & almond tartlets
草莓杏仁小点

杏仁面饼搭配各种不同口味的馅料都是极其美味的。您可以尝试
用捣碎的杏仁饼干混合生奶油涂在水果上面。

🕐 **时间**	**准备**：30分钟，冷却及固定时间另计	
	烹饪：大约20分钟	
🍴 **烤箱**	190℃，火力5挡	
✕ **分量**	8人份	

🍅 **食材**

面饼：	馅料：
黄油250克	全脂软奶酪250克
精白砂糖125克	精白砂糖1汤匙
蛋黄2个	柠檬皮1茶匙，磨碎
中筋面粉375克，过筛	草莓750克
杏仁粉125克	红醋栗果冻5汤匙，融化
	白杏仁4汤匙，烤好

1 将黄油和糖倒入碗中，搅拌至其轻盈而蓬松。将蛋黄打散，逐渐将其和面粉、杏仁粉一起搅拌均匀，揉制成软面团。将面团密封好放入冰箱冷藏1小时。

2 将面团分成8份或16份，将每个面团擀成面饼，压花边放入8个直径11厘米或16个更小一些的饼模中。将饼模放在预热好的烤箱中烘焙15分钟。取出防油纸、烤豆或锡箔纸，再放回烤箱烘焙3—4分钟，将果馅饼留在挞盘内，放在烧烤网上自然冷却。

3 制作馅料。将奶酪、糖和柠檬皮放在一起打发。分别取一点儿奶酪混合物涂在每个馅饼底上。准备好8个或16个优质草莓，去掉草莓根，切半，摆在馅饼底上。

4 用勺子舀上红醋栗果冻，放在草莓上，静置一会儿让果冻固定在草莓上。在食用前，将备好的草莓放在果挞上，最后撒上烤好的杏仁。

Cranberry & almond tartlets
蔓越莓杏仁小点

如果在这道菜中您用了冷冻的蔓越莓，请确保在烹饪前将其解冻，即使在解冻过程中蔓越莓的形状会变得不那么美观。

时间 准备：20分钟，冷却时间另计

烹饪：35—40分钟

烤箱 190℃，火力5挡

分量 4人份

食材 法式甜面团175克

软化黄油125克

糖125克

鸡蛋2个，打发

杏仁粉125克

杏仁香精数滴

中筋面粉2汤匙

蔓越莓果冻3汤匙

蔓越莓75克

糖霜些许，用于撒在表面

1 制作法式甜面团（见第20页）。将面团分成4份，每份擀开后压花边放入直径10厘米的饼模。用叉子在每张面饼的底部叉上一些小孔，在制作馅料的时候将面饼放入冰箱冷藏。

2 将黄油和糖搅拌在一起，直至清亮蓬松。加入打散的蛋液，一次只放一点点，之后加入杏仁粉、杏仁香精以及面粉，充分搅拌。

3 将蔓越莓果冻摊开放在面饼底上，将杏仁混合物分成数份也铺在饼底上，顶端抹平，最后将蔓越莓摆放在顶端。

4 将果馅饼放入预热好的烤箱中烘焙35—40分钟，直到顶层馅料膨胀坚硬。在馅饼烤盘上自然冷却5分钟后，可在面饼上撒上糖霜，冷食热食均可。

Peach & raspberry tartlets
桃子覆盆子小点

这款小果馅饼很诱人，而制作方法十分简单。饼底可以在数小时之前就烘焙好，但是馅料却必须在可供食用前填入以防面饼变软。

⏱ **时 间** 准备：15分钟，冷却时间另计　　烹饪：8—10分钟

🍳 **烤 箱** 190℃，火力5挡

🍴 **分 量** 4人份

🍅 **食 材** 黄油15克，融化
千层酥皮4张，每张25厘米宽
高脂厚奶油125毫升
软红糖1汤匙
桃子2个，去皮、切半，然后去核、切片
覆盆子50克
糖霜些许，用于撒在表面

1 在4个底部较深的松饼模子上涂上融化的黄油。将千层酥皮切成两半，将4个角交叉着分布开摆放成4个等角方形。将这些叠好的千层薄面饼压花边放在松饼模子上，摆成不同的角度。将其按压好，和松饼模子紧密贴合。剩余的面饼也照此步骤制作。

2 将千层薄面饼底放入提前预热好的烤箱中烘焙8—10分钟，直至饼体呈金黄色。小心把饼底从馅饼烤盘中取出，放在烤架上冷却放凉。

3 将奶油和糖倒入碗中。稍微打发直至奶油定型。用勺子舀起奶油冻抹在饼底上，顶端加上桃子和覆盆子，撒上糖霜，可以立即食用。

Banana & mango tartlets
香蕉杧果小点

　　香蕉和杧果给这款小果馅饼带来一种热带水果的风味，您也可以使用任何钟情的新鲜水果搭配来制作这类美味果挞。

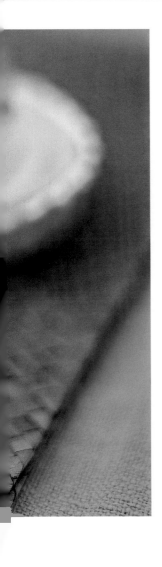

⊙	**时间**	准备：20分钟，冷冻时间另计
		烹饪：15分钟
▥	**烤箱**	200℃，火力6挡
✕	**分量**	6人份
⚘	**食材**	法式甜面团500克
		杏仁果酱6汤匙
		香蕉2个
		柠檬汁1汤匙
		蜂蜜1汤匙
		香草豆荚1个，剥开使用
		高脂厚奶油2汤匙
		小个杧果1个
		糖霜些许，用于撒在表面
		薄荷叶，用于装饰

1 制作法式甜面团（见第20页）。将面饼擀平之后压花边放入6个直径12.5厘米的果挞模子盘中。将面饼冷藏15分钟，之后在预热的烤箱中加入烤豆预烤10分钟。除去防油纸、烤豆或锡箔纸，再次把糕饼放入烤箱，继续烤5分钟。

2 将杏仁果酱平摊在温热的面饼上，用叉子将香蕉在碗中捣碎，加入柠檬汁和蜂蜜搅拌成丝滑的奶酪状混合物。

3 从香草豆荚中刮出籽，将香草籽放入香蕉奶油的混合物中，分成6份铺在面饼底表面。

4 将杧果剥皮、去核之后，取出杧果肉。将杧果切成薄片铺在香蕉奶油的顶部上。可以随意地撒上糖霜，用几片薄荷叶在顶部做装饰即可。

Baked fig tarts
烤无花馅饼

无花果是一种古老的水果，早在公元前1900年，埃及人已经开始种植无花果。如果喜欢，还可以用李子代替无花果来制作这款点心。

⊙ **时间**　　**准备：**20分钟，冷却时间另计
　　　　　　烹饪：25—40分钟

〨 **烤箱**　　200℃，火力6挡

✕ **分量**　　6人份

☺ **食材**　　法式甜面团400克
　　　　　　精白砂糖125克
　　　　　　香草豆荚1个，剥开豆荚皮
　　　　　　橙汁150毫升
　　　　　　无花果6个
　　　　　　杏仁粉125克
　　　　　　黄油50克
　　　　　　鸡蛋3个，打发
　　　　　　李子酱5汤匙
　　　　　　糖霜，用于撒粉
　　　　　　高脂奶油或鲜奶油，用来佐餐

Tart 馅饼篇 | 欧洲家庭最喜爱的西餐食谱

1	2
3	4

1 制作法式甜面团（见第20页）。将擀好的面饼压花边放入1个直径20厘米的可脱模馅饼烤盘中，或可分别用4个10厘米的可脱模饼模盛放。将饼底冷藏30分钟之后，在预热的烤箱中烘焙10分钟。除去防油纸、烤豆或锡箔纸后，再放入烤箱烘焙5分钟。

2 在黄油中加入75克的糖，并慢慢倒入打发的蛋液。加入杏仁粉搅拌均匀。在面饼底部涂上李子酱之后，用勺子盛上黄油蛋糕混合物放在面饼上，并用无花果在顶部装点一下。

3 每个小果馅饼都需在预热好的烤箱中烘焙10—12分钟，如果是整个的果馅饼，则需要放进预热好的烤箱烘焙20分钟，直到糕体膨胀、坚固可触。将剩下的糖、香草豆、橙汁倒入炖锅，慢慢加热直到糖开始溶化，继续加热至糖完全溶解。用刷子将糖汁刷在无花果上，之后自然冷却。撒上糖霜，配高脂奶油或鲜奶油佐餐食用。

Toffee apple pecan tarts
太妃糖苹果碧根果馅饼

如果您制作这款果挞时找不到碧根果，可以使用外观和味道都很接近的核桃代替。澳大利亚青苹果是制作苹果酱汁的上上之选。

🕐 **时间**　　**准备**：25分钟，冷却时间另计

　　　　　　烹饪：40—45分钟

🍳 **烤箱**　　200℃，火力6挡

🍴 **分量**　　12个

🍲 **食材**　　法式甜面团250克

　　　　　　澳大利亚青苹果500克，削皮、去核，并切块

　　　　　　水1汤匙

　　　　　　糖50克

　　　　　　馅料：

　　　　　　黄油50克

　　　　　　软红糖50克

　　　　　　低度玉米糖浆1汤匙

　　　　　　碧根果50克，对半切开

1　制作法式甜面团（见第20页）。将其擀平之后，切出12个直径8厘米的圆面饼。将面饼压花边放入12个深底饼模，冷藏15分钟。除去防油纸、烤豆或锡箔纸，静置冷却放凉。

2　将苹果加水放进炖锅中，盖紧盖子用小火炖约5分钟。将炖锅从火头上移开，并加糖搅拌，如果苹果酱汁过稀，需要将锅重新放置在火上，继续炖上几分钟，静置一会儿放凉。

3　制作馅料。将黄油、软红糖、玉米糖浆放入炖锅中，小火慢炖，持续搅拌直到黄油完全融化，之后继续煮2—3分钟，直至汤汁浓稠。把锅从火上移开后，放入碧根果搅拌一下。

4　在饼底中盛满苹果酱，然后在果挞顶层抹上太妃糖碧根果的混合物。重新将果挞放入烤箱中烘焙10—15分钟，直至果馅起泡，然后将之留在烤箱中自然冷却5分钟。

Lemon curd tartlets
柠檬炼乳小点

自制柠檬果挞味道鲜美，但是不易保存。因此，制作这款点心可以将少许柠檬炼乳用在小巧的小果馅饼底上，或是选用品质较好的现成炼乳。

　🕑 **时 间**　　**准备**：20分钟，冷冻时间另计
　　　　　　　　烹饪：20—25分钟

　🔲 **烤 箱**　　190℃，火力5挡

　✖ **分 量**　　9个

　🍅 **食 材**　　酥皮面饼175克
　　　　　　　　柠檬炼乳4汤匙
　　　　　　　　炼乳奶酪250克，加以软化
　　　　　　　　鸡蛋2个，打发
　　　　　　　　精白砂糖50克
　　　　　　　　肉豆蔻粉些许，用于撒在表面
　　　　　　　　糖霜些许，用于撒在表面

1	2
3	4

1 制作酥皮面饼（见第17页）。将其擀成薄饼，切成9个直径10厘米的圆饼片。将面饼压花边放入9个洞形松饼饼模中，冷藏15分钟。

2 在每个饼底中都放入1茶匙柠檬炼乳。

3 将炼乳奶酪、鸡蛋以及糖放入碗中搅拌。将馅料分开倒入每个饼底中，撒上肉豆蔻粉。

4 将果挞模盘放在提前预热的烤箱中烘焙20—25分钟，直至馅料膨胀、饼体松脆为止。撒上用筛子筛过的糖霜，冷食热食皆可。

Chocolate mousse tartlets
巧克力慕斯小点

要制作这款小果馅饼，您要确保所购买的是质量最好而又不添加糖的巧克力，因为味道非常关键。应尝试寻找可可粉含量为70%左右的巧克力。

🕐 **时 间** 准备：25分钟，冷冻时间另计
烹饪：20分钟

🍴 **烤 箱** 200℃，火力6挡

🍽 **分 量** 10人份

🍅 **食 材** 重油酥皮面饼250克
无糖黑巧克力175克，切成方块
水2—3汤匙
无盐黄油1汤匙，切块
白兰地或橘味酒1汤匙
鸡蛋3个，蛋清与蛋黄分开
巧克力刨花，用于装饰

1	2
3	4

1 制作重油酥皮面饼（见第18页）。擀好面饼之后，压花边放入8个直径10厘米的饼模，重新将修边所剩余的面饼擀好，之后压花边放入另外2个饼模。将饼底冷藏15分钟。将饼底放在提前预热的烤箱中烘焙15分钟。除去防油纸、烤豆或锡箔纸后，再烤5分钟，放在一旁自然冷却。

2 制作馅料。将巧克力放入一个隔热碗里。将碗放在盛着热水的平锅上，等待巧克力完全融化，偶尔搅拌一下。

3 将隔热碗从热水中取出，放入黄油不断搅拌，直至其融化。加入白兰地或橘子酒，放入蛋黄并搅拌。把蛋清在另一个干净碗里打发，直至其变干爽定型，之后将其拌入巧克力混合物中。

4 用勺子把慕斯混合物放入饼模里，之后转移到冰箱里，冷藏2—3小时，直至馅料固定。最后撒上巧克力刨花做装饰，冷却后方可食用。

Classic & Contemporary Recipes

欧洲家庭最喜爱的西餐食谱

美食畅销书超人气作家 **乔安娜·法罗**

请你来一次舌尖的欧洲之旅

英国著名hamlyn出版公司授权　公元图书竭诚引进

70道欧式海鲜料理

鱼虾蟹贝的欧洲攻略

81道欧式肉食料理

无肉不欢的盛宴

76款意面料理

附30余种意面酱汁做法

103种欧式酱汁

让料理脱胎换骨的魔法

77款精致蛋糕

来自欧洲的甜蜜诱惑

77款派挞——欧式馅饼

奶酪、水果与饼底的完美结合

浪漫的诱惑：吃上时大快朵颐，没吃上时心痒难耐

零失败做法：图文详细、步骤清晰、重要的小细节、贴心的小提示